兽医临床用药指南

SHOUYI LINCHUANG YONGYAO ZHINAN

曾振灵　主编

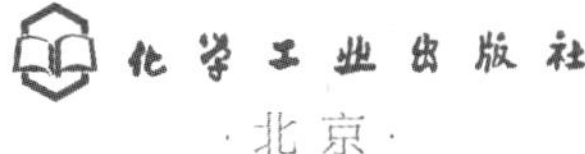

化学工业出版社

·北京·

内容简介

本书介绍了十三类临床兽药，并对每类药物总结了其共有的特点、临床适应证、不良反应等；以表格形式列出了每类药物中各种常用药物的名称，制剂、规格，适应证、用法及用量，作用特点和注意事项等，便于读者查找和参考使用。书中收集了《中华人民共和国兽药典》《兽药产品说明书范本》《兽药质量标准》、国家兽药基础数据库以及到目前为止批准的化学药品的品种，种类较为齐全。

本书采用双色印刷，美观大方，并且方便携带。全书语言简洁、通俗易懂，实践指导性很强，是广大兽医技术人员临床诊疗工作中不可或缺的用药参考书，也是兽医专业师生的良好参考读物。

图书在版编目（CIP）数据

兽医临床用药指南/曾振灵主编. —北京：化学工业出版社，2021.5（2025.1重印）
ISBN 978-7-122-38704-2

Ⅰ. ①兽… Ⅱ. ①曾… Ⅲ. ①兽用药-指南 Ⅳ. ①S859.79-62

中国版本图书馆CIP数据核字（2021）第043767号

责任编辑：邵桂林
责任校对：李雨晴　　　装帧设计：张　辉

出版发行：化学工业出版社（北京市东城区青年湖南街13号　邮政编码100011）
印　　装：河北延风印务有限公司
787mm×1092mm　1/32　印张10¼　字数233千字
2025年1月北京第1版第5次印刷

购书咨询：010-64518888
售后服务：010-64518899
网　　址：http://www.cip.com.cn
凡购买本书，如有缺损质量问题，本社销售中心负责调换。

定　　价：55.00元

编写人员名单

主　编　曾振灵

副主编　李亚菲 秦华

编写人员（以姓氏笔画排序）

王立琦　刘迎春　李亚菲　杨　帆
杨大伟　张亚楠　秦　华　郭桂芳
梁先明　曾振灵

前　言

抗菌药物在我国畜牧业健康养殖发展中起到了不可替代的作用。近年来，随着技术的发展，我国新兽药和新药物制剂不断涌现。抗菌药和其他药物的不合理使用或滥用，会引起动物源性食品安全以及细菌耐药性等问题。因此，临床兽医工作者必须全面了解各类药物的特点，并在此基础上不断掌握前沿动态，才能做到合理用药，不仅为保障动物健康服务，也为维护公共卫生安全服务。为此，我们组织在兽医临床领域具有丰富实践经验的兽药学和兽医学专家编写了本书。

本书的特点是：药物分类清晰，便于查找。每类药物以简短的综述总结了该类药物共有的特点、临床适应证、不良反应等，方便读者阅读；另外，以表格形式列出了常用药物的各种信息，包括药物名称、制剂、规格、适应证、用法及用量、作用特点和注意事项等，便于读者查找和参考使用。本书收集了《中华人民共和国兽药典》《兽药产品说明书范本》《兽药质量标准》、国家兽药基础数据库以及到目前为止批准的化学药品的品种，种类较为齐全。

本书在编写和出版过程中，化学工业出版社邵桂林编审提出了不少建议，在此表示感谢。

由于编者水平有限，本书难免存在瑕疵，敬请广大读者和业内专家不吝指正。

编者

目　录

1 抗微生物药物

1.1 磺胺类抗菌药

磺胺类药物具有抗菌谱广、可内服、吸收较快、性质稳定、使用方便等优点，但也有抗菌作用较弱、不良反应较多、细菌易产生耐药性、用量大和疗程偏长等缺陷，临床上常常把磺胺药和抗菌增效剂（如甲氧苄啶和二甲氧苄啶等）合用，提高抗菌活性。本类药物具有相似的抗菌谱，属广谱慢效抑菌剂。常用的磺胺类药物根据其吸收情况和应用部位可分为肠道易吸收药、肠道难吸收药及外用药等三类。

使用时应注意：①首次剂量加倍，并要有足够的剂量和疗程（一般应连用 3 ~ 5 天）。②磺胺类药物在体内的代谢产物乙酰磺胺的溶解度低，易在泌尿道中析出结晶，用药期间应给予动物充分饮水，以增加尿量，促进排出。幼畜、杂食或肉食动物使用磺胺药时，应同时给予等量的碳酸氢钠以碱化尿液，提高磺胺药或其代谢物的溶解度，利于排出体外。③磺胺药可引起肠道菌群失调、B 族维生素和维生素 K 的合成和吸收减少，长期服用宜补充相应的维生素。

药物名称	制剂、规格	适应证、用法及用量	作用特点、注意事项
磺胺噻唑 Sulfathiazole	磺胺噻唑片 （1）0.5g （2）1g	用于多数革兰氏阳性菌（金黄色葡萄球菌）、革兰氏阴	①磺胺噻唑的代谢产物乙酰磺胺噻唑的水溶性比原药低，排泄时易在肾

续表

药物名称	制剂、规格	适应证、用法及用量	作用特点、注意事项
	磺胺噻唑钠注射液 （1）5ml：0.5g （2）10ml：1g （3）20ml：2g **酞磺胺噻唑片** （1）0.5g （2）1g	性球菌（大肠杆菌、克雷伯菌、沙门菌、变形杆菌、嗜血杆菌、巴氏杆菌、丹毒杆菌）、放线菌等畜禽细菌性疾病和支原体感染。 内服：一次量，每1kg体重，家畜首次量0.14~0.2g，维持量0.07~0.1g。一日2~3次，连用3~5日。 内服（酞磺胺噻唑片）：以酞磺胺噻唑计，一次量，每1kg体重，犬、猫0.1~0.15g；一日2次，连用3~5日。 静脉注射：以磺胺噻唑计，一次量，每1kg体重，家畜0.05~0.1g。一日2次，连用2~3日	小管析出结晶（尤其在酸性尿中），故不宜用5%葡萄糖液稀释。 ②长期或大剂量应用，应同时应用碳酸氢钠，并给患畜大量饮水。 ③若出现过敏反应或其他严重不良反应时，立即停药，并给予对症治疗。 ④新生动物对酞磺胺噻唑的吸收率高于幼龄动物。不宜长期服用，注意观察胃肠道功能。 ⑤休药期：28日；弃奶期7日（磺胺噻唑片、注射液）

药物名称	制剂、规格	适应证、用法及用量	作用特点、注意事项
磺胺嘧啶 Sulfadiazine	磺胺嘧啶片 0.5g 磺胺嘧啶钠注射液 （1）2ml：0.4g （2）5ml：1g （3）10ml：1g （4）10ml：2g （5）10ml：3g （6）50ml：5g 复方磺胺嘧啶钠注射液 （1）1ml （2）5ml （3）10ml 磺胺嘧啶银	用于敏感菌及弓形虫感染。局部用于烧伤创面。 内服：一次量，每1kg体重，家畜首次量0.14~0.2g，维持量0.07~0.1g。一日2~3次，连用3~5日。 静脉注射：一次量，每1kg体重，家畜0.05~0.1g。一日1~2次，连用2~3日。局部用于烧伤创面。 外用（磺胺嘧啶银）：撒布于创面或配成2%混悬液湿敷	①易在泌尿道中析出结晶，不宜用5%葡萄糖液稀释。大剂量、长期应用时宜同时给予等量的碳酸氢钠，应给患畜大量饮水。 ②肾功能受损时，排泄缓慢，应慎用。 ③可引起肠道菌群失调，长期用药可引起B族维生素和维生素K的合成和吸收减少，宜补充相应的维生素。 ④在家畜出现过敏时，立即停药并给予对症治疗。 ⑤局部应用磺胺嘧啶银时，要清创排脓，因为在脓液和坏死组织中，含有大量的PABA，可减弱磺胺类的作用。 ⑥休药期：猪5日，牛、羊28日；弃奶期7日（片）。牛10日，羊18日，猪10日；弃奶期3日（磺胺嘧啶钠注射液）

续表

药物名称	制剂、规格	适应证、用法及用量	作用特点、注意事项
磺胺二甲嘧啶 Sulfadimidine	磺胺二甲嘧啶片 0.5g 磺胺二甲嘧啶钠注射液 （1）5ml ：0.5g （2）10ml：1g （3）100ml：10g	用于敏感菌感染，也可用于球虫和弓形虫感染。 内服：以磺胺二甲嘧啶计，一次量，每 1kg 体重，家畜首次量 140~200mg，维持量 70~100mg。一日 1~2 次，连用 3~5 日。 静脉注射：以磺胺二甲嘧啶计，一次量，每 1kg 体重，家畜 50~100mg。一日 1~2 次，连用 2~3 日	①易在泌尿道中析出结晶，应给患畜大量饮水。大剂量、长期应用时宜同时给予碳酸氢钠等碱性药物。 ②肾功能受损时，排泄缓慢，应慎用。 ③可引起肠道菌群失调，长期用药可引起 B 族维生素和维生素 K 的合成和吸收减少，宜补充相应的维生素。 ④在家畜出现过敏时，立即停药并给予对症治疗。 ⑤遇酸类可析出结晶，故不宜用 5% 葡萄糖液稀释。 ⑥休药期：牛 10 日，猪 15 日，禽 10 日；弃奶期 7 日（磺胺二甲嘧啶片）。28 日；弃奶期 7 日（磺胺二甲嘧啶钠注射液）
磺胺甲噁唑 Sulfamethoxa-zole	磺胺甲噁唑片 0.5g	用于敏感菌感染引起家畜的呼吸道、泌尿道等感染。 内服：一次量，	①对磺胺类药物有过敏史的病畜禁用。 ②易在泌尿道中析出结晶，应给患

续表

药物名称	制剂、规格	适应证、用法及用量	作用特点、注意事项
		每 1kg 体重，家畜首次量 50~100mg，维持量 25~50mg。一日 2 次，连用 3~5 日	畜大量饮水。大剂量、长期应用时宜同时给予碳酸氢钠等碱性药物。 ③肾功能受损时，排泄缓慢，应慎用。 ④可引起肠道菌群失调，长期用药可引起 B 族维生素和维生素 K 的合成和吸收减少，宜补充相应的维生素。 ⑤注意交叉过敏反应。在家畜出现过敏时，立即停药并给予对症治疗。 ⑥甲氧苄啶和磺胺不能用于有肝脏实质损伤的病犬和马。 ⑦休药期：28 日；弃奶期 7 日
磺胺对甲氧嘧啶 Sulfamethoxydiazine	**磺胺对甲氧嘧啶片** 0.5g	主用于敏感菌感染，也可用于球虫感染。 **内服**：以磺胺对甲氧嘧啶计，一次量，每 1kg 体重，家畜首次量 50~100mg，	①遇酸类可析出结晶，故不宜用 5% 葡萄糖液稀释。 ②易在泌尿道中析出结晶，应给患畜大量饮水。大剂量、长期应用时宜同时给予碳酸氢钠

续表

药物名称	制剂、规格	适应证、用法及用量	作用特点、注意事项
		维持量 25~50mg。一日 1~2 次，连用 3~5 日	等碱性药物。 ③肾功能受损时，排泄缓慢，应慎用。 ④可引起肠道菌群失调，长期用药可引起 B 族维生素和维生素 K 的合成和吸收减少，宜补充相应的维生素。 ⑤注意交叉过敏反应。在家畜出现过敏时，立即停药并给予对症治疗。 ⑥甲氧苄啶和磺胺不能用于有肝脏实质损伤、血液不调的病犬和马。 ⑦休药期：28 日（磺胺对甲氧嘧啶片）
磺胺间甲氧嘧啶 Sulfamonome-thoxine	磺胺间甲氧嘧啶片 （1）25mg （2）0.5g 磺胺间甲氧嘧啶钠注射液 （1）5ml：0.5g （2）5ml：	用于敏感菌感染，也可用于猪弓形虫等感染。 **内服**：以磺胺间甲氧嘧啶钠计，一次量，每 1kg 体重，家畜首次量 50~100mg，维持量 25~50mg。一	①遇酸类可析出结晶，故不宜用 5% 葡萄糖液稀释。 ②易在泌尿道中析出结晶，应给患畜大量饮水。大剂量、长期应用时宜同时给予碳酸氢钠等碱性药物。 ③肾功能受损时，

药物名称	制剂、规格	适应证、用法及用量	作用特点、注意事项
	0.75g （3）10ml：0.5g （4）10ml：1g （5）10ml：1.5g （6）10ml：3g （7）20ml：2g （8）50ml：5g （9）100ml：10g	日 1~2 次，连用 3~5 日。 **静脉注射**：以磺胺间甲氧嘧啶钠计，一次量，每 1kg 体重，家畜 50mg。一日 1~2 次，连用 2~3 日	排泄缓慢，应慎用。 ④可引起肠道菌群失调，长期用药可引起 B 族维生素和维生素 K 的合成和吸收减少，宜补充相应的维生素。 ⑤注意交叉过敏反应。在家畜出现过敏时，立即停药并给予对症治疗。 ⑥休药期：28 日（磺胺间甲氧嘧啶片）。28 日；弃奶期 7 日（磺胺间甲氧嘧啶钠注射液）
磺胺喹噁啉 Sulfaquinoxaline	磺胺喹噁啉钠可溶性粉 （1）5% （2）10% （3）30%	用于禽球虫病。 **混饮**：以磺胺喹噁啉钠计，每 1L 水，鸡 0.3~0.5g	①产蛋供人食用的鸡或其他禽类，产蛋期不得使用。 ②连续饮用不得超过 5 日，否则动物易出现中毒反应。 ③休药期：鸡 10 日（磺胺喹噁啉钠可溶性粉）
磺胺脒 Sulfaguanidine	磺胺脒片 （1）0.25g （2）0.5g	用于肠道细菌性感染。 **内服**：以磺胺脒计，一次量，每 1kg 体重，家畜	①新生仔畜（1~2 日龄犊牛、仔猪等）的肠内吸收率高于幼畜。 ②不宜长期服用，

续表

药物名称	制剂、规格	适应证、用法及用量	作用特点、注意事项
		0.1~0.2g。一日2次，连用3~5日	注意观察胃肠道功能。 ③休药期：28日（磺胺脒片）
结晶磺胺 Crystal Sulfanilamide	灭菌结晶磺胺 5g	用于感染性创伤。 创伤处理后，均匀散布	遮光，密封保存

1.2 抗菌增效剂

本类药物能增强磺胺药和多种抗生素的抗菌作用，主要有甲氧苄啶（trimethoprim，TMP）、二甲氧苄啶（diaveridine，DVD）、阿地普林（aditoprim，ADP）、奥美普林（ormetoprim，OMP）和巴喹普林（baquiloprim，BQP）。国内临床常用的有甲氧苄啶和二甲氧苄啶，常以1∶5的比例与磺胺类药制成复方制剂。

药物名称	制剂、规格	适应证、用法及用量	作用特点、注意事项
甲氧苄啶 Trimethoprim （甲氧苄氨嘧啶、三甲氧苄胺嘧啶）	复方磺胺嘧啶钠注射液 （1）1ml（磺胺嘧啶钠0.1g+甲氧苄啶0.02g） （2）5ml（磺胺嘧啶钠0.5g+甲氧苄啶0.1g）	用于多数革兰氏阳性菌（金黄色葡萄球菌）、革兰氏阴性球菌（大肠杆菌、克雷伯菌、沙门菌、变形杆菌、嗜血杆菌、	①遇酸类可析出结晶，故不宜用5%葡萄糖液稀释。 ②长期或大剂量应用，应同时应用碳酸氢钠，并给患畜大量饮水。 ③若出现过敏反

药物名称	制剂、规格	适应证、用法及用量	作用特点、注意事项
	（3）10ml（磺胺嘧啶钠1g+甲氧苄啶0.2g） **复方磺胺甲噁唑片** 每片含磺胺甲噁唑0.4g+甲氧苄啶0.08g	巴氏杆菌、丹毒杆菌）、放线菌等畜禽细菌性疾病和支原体感染。如仔猪黄痢和白痢、沙门菌病、传染性胸膜肺炎、乳腺炎－子宫炎－无乳综合征、支原体肺炎、犊牛大肠杆菌腹泻、多杀性巴氏杆菌感染、犬外耳炎、化脓性皮炎等 **肌内注射**：一次量，每1kg体重，家畜0.2~0.3ml。一日1~2次，连用2~3日 **内服**（复方磺胺甲噁唑片）：一次量，每100kg体重，家畜5~6.25片。一日2次，连用3~5日	应或其他严重不良反应时，立即停药，并给予对症治疗。 ④休药期：牛、羊12日，猪20日；弃奶期48小时（复方磺胺嘧啶钠注射液）。28日；弃奶期7日（复方磺胺甲噁唑片）。28日；弃奶期7日（复方磺胺对甲氧嘧啶片、注射液）
	复方磺胺甲噁唑片（Ⅰ） 每片含磺胺甲噁唑应为	**内服**：一次量，每1kg体重，家畜20~25mg（磺胺甲噁唑）。	

续表

药物名称	制剂、规格	适应证、用法及用量	作用特点、注意事项
	0.0225~0.0275g，含甲氧苄啶应为 4.5~5.5mg	一日 2 次，连用 3~5 日	
	复方磺胺对甲氧嘧啶片 每片含磺胺对甲氧嘧啶 0.4g+ 甲氧苄啶 0.08g **复方磺胺对甲氧嘧啶钠注射液** （1）10ml：磺胺对甲氧嘧啶钠 1g 与甲氧苄啶 0.2g （2）10ml：磺胺对甲氧嘧啶钠 1.5g+ 甲氧苄啶 0.3g （3）10ml：磺胺对甲氧嘧啶钠 2g+ 甲氧苄啶 0.4g	内服（复方磺胺对甲氧嘧啶片）：以磺胺对甲氧嘧啶计，一次量，每 1kg 体重，家畜 20~25mg（磺胺对甲氧嘧啶）。一日 2~3 次，连用 3~5 日。 **肌内注射**：以磺胺对甲氧嘧啶计，一次量，每 1kg 体重，家畜 20~25mg（磺胺对甲氧嘧啶钠）。一日 1~2 次，连用 2~3 日	
	联磺甲氧苄啶注射液 （1）5ml：磺胺间甲氧嘧啶 0.5g+ 磺胺甲噁唑 0.5g+ 甲氧苄啶 0.2g	磺胺类抗菌药。主要用于敏感菌感染。 **肌内注射**：一次量，每 1kg 体重，仔猪 0.3ml。一日 1 次，连用 4 日	①本品遇水可析出结晶。 ②长期或大剂量应用易引起结晶尿，应同时应用碳酸氢钠，并给患畜大量饮水。

药物名称	制剂、规格	适应证、用法及用量	作用特点、注意事项
	（2）10ml：磺胺间甲氧嘧啶 1g+ 磺胺甲噁唑 1g+ 甲氧苄啶 0.4g		③若出现过敏反应或其他严重不良反应时，立即停药，并给予对症治疗。 ④休药期：28 日
	复方磺胺氯哒嗪钠粉 （1）1000g：磺胺氯哒嗪钠 100g+ 甲氧苄啶 20g （2）1000g：磺胺氯哒嗪钠 625g+ 甲氧苄啶 125g	用于革兰氏阴性菌（大肠埃希氏菌、巴氏杆菌）等引起的畜禽感染。 **内服**：以磺胺氯哒嗪钠计，一次量，每 1kg 体重，猪、鸡 20mg；猪，连用 5~10 日；鸡，连用 3~6 日	①产蛋供人食用的鸡或其他禽类，在产蛋期不得使用。 ②不得作为饲料添加剂产期应用。 ③易在泌尿道中析出结晶，应给患畜大量饮水。大剂量、长期应用时宜同时给予等量的碳酸氢钠。 ④肾功能受损时，排泄缓慢，应慎用。 ⑤可引起肠道菌群失调，长期用药可引起 B 族维生素和维生素 K 的合成和吸收减少，宜补充相应的维生素。 ⑥不能用于对磺胺类药物有过敏史的病患。 ⑦休药期：猪 4 日，鸡 2 日

续表

药物名称	制剂、规格	适应证、用法及用量	作用特点、注意事项
二甲氧苄啶 Diaveridine（二甲氧苄氨嘧啶）	**磺胺喹噁啉二甲氧苄啶预混剂** 1000g：磺胺喹噁啉 200g+二甲氧苄啶40g	用于禽球虫病。 **混饲**：每1000kg饲料，鸡 500g（本品）。	①产蛋供人食用的鸡或其他禽类，在产蛋期不得使用。 ②连续饲喂不得超过 5 日。 ③休药期：鸡 10 日

1.3 喹诺酮类抗菌药

喹诺酮类（quinolones）药物是人工合成的具有 4- 喹诺酮环基本结构的药物，广泛用于治疗宠物、畜禽由细菌、支原体引起的消化、呼吸、泌尿、生殖等系统和皮肤软组织的感染性疾病。

按问世先后及抗菌性能分为三代。第一代仅对革兰氏阴性菌如大肠杆菌、沙门氏菌、痢疾杆菌、变形杆菌等有效，内服吸收差，易产生耐药性，毒副作用较大，代表性品种为萘啶酸、噁喹酸。第二代的抗菌谱扩大，对大部分革兰氏阴性菌包括铜绿假单胞菌和部分革兰氏阳性菌具有较强抗菌活性，对支原体也有一定作用，代表性品种为氟甲喹。第三代是在 4- 喹诺酮环的 6- 位引入氟原子，在 7- 位连以哌嗪基、甲基哌嗪基或乙基哌嗪基，通常称为氟喹诺酮类（flouroquinolones）药物。抗菌谱进一步扩大，抗菌活性也进一步提高，对革兰氏阴性菌（包括铜绿假单胞菌）、革兰氏阳性菌（包括葡萄球菌、链球菌等）均具有较强抗菌活性，对支原体、胸膜肺炎放线杆菌也有良好作用，吸收程度明显改善，提高全身的抗菌效果。

我国兽医临床使用的动物专用氟喹诺酮类药物有恩诺沙星、沙拉沙星、达氟沙星、二氟沙星、马波沙星（marbofloxacin），国外批准使用的还有奥比沙星（orbifloxacin）和普多沙星（pradofloxacin）等。

喹诺酮类药物在药理学、毒理学上有以下共同特征：①抗菌活性强，其作用机理是作用于细菌的DNA螺旋酶（也称拓扑异构酶Ⅱ）。②本类的第一、第二代品种仅对革兰氏阴性菌有效，第三代氟喹诺酮类药物为广谱抗菌药，对革兰氏阴性菌、革兰氏阳性菌和支原体等均有效。③与大多数抗菌药之间无交叉耐药现象。④毒性较小，治疗剂量无致畸或致突变作用，临床使用安全。

药物名称	制剂、规格	适应证、用法及用量	作用特点、注意事项
恩诺沙星 Enrofloxacin（乙基环丙沙星、恩氟沙星）	**恩诺沙星片** （1）2.5mg （2）5mg **恩诺沙星注射液** （1）2ml：50mg （2）5ml：50mg （3）5ml：0.125g （4）5ml：0.25g （5）5ml：0.5g	用于多数革兰氏阳性菌（金黄色葡萄球菌）、革兰氏阴性球菌（大肠杆菌、克雷伯菌、沙门菌、变形杆菌、嗜血杆菌、巴氏杆菌、丹毒杆菌）、放线菌等畜禽细菌性疾病和支原体感染。如仔猪黄痢和白痢、沙门菌病、传染性胸膜肺炎、乳腺炎–	①有明显的浓度依赖性，血药浓度大于8倍MIC时可发挥最佳治疗效果。 ②肾功能受损动物慎用。产蛋供人食用的鸡或其他禽类，在产蛋期不得使用。猪的每个注射部位不得超过2.5ml。 ③对中枢系统有潜在的兴奋作用，诱导癫痫发作，患癫痫的犬慎用。

续表

药物名称	制剂、规格	适应证、用法及用量	作用特点、注意事项
	（6）10ml：50mg （7）10ml：0.25g （8）10ml：0.5g （9）10ml：1g （10）50ml：1.25g （11）100ml：5g （12）100ml：2.5g （13）100ml：10g **恩诺沙星溶液** （1）0.5% （2）2.5% （3）5% （4）10% **恩诺沙星溶液（蚕用）** （1）2ml：50mg （2）2ml：0.1g **恩诺沙星可溶性粉**	子宫炎－无乳综合征、支原体肺炎、犊牛大肠杆菌腹泻、多杀性巴氏杆菌感染、犬外耳炎、化脓性皮炎、赛鸽感染性疾病、水产养殖动物出血性败血症、烂鳃病、打印病、肠炎病、赤鳍病、爱德华氏菌病、家蚕细菌性败血病等。 **内服**（恩诺沙星片）：一次量，每1kg体重，犬、猫2.5~5mg；禽5~7.5mg。一日2次，连用3~5日。 **肌内注射**：一次量，每1kg体重，牛、羊、猪2.5mg；犬、猫、兔2.5~5mg。一日1~2次，连用2~3日。	④食肉动物及肾功能不良患畜慎用，可偶发结晶尿。 ⑤具有损害软骨的不良反应。禁用于马，不适用于8周龄前的小型犬，12月龄以下的大型犬，18月龄以下的巨型犬和8周龄以下的猫。 ⑥耐药菌株呈增多趋势，不应在亚治疗剂量下长期使用。 ⑦避免与含阳离子（Al^{3+}、Mg^{2+}、Ca^{2+}、Fe^{2+}、Zn^{2+}）的物质同时内服，避免与四环素、甲砜霉素和氟苯尼考等有拮抗作用的药物配伍。 ⑧使用时应注意蚕座干燥，雨湿天气应避免使用。禁与农药混放。 ⑨休药期：鸡8日（片剂、溶液、可溶性粉）。猪5日（溶液）。羊14日、猪10日、兔14日。

药物名称	制剂、规格	适应证、用法及用量	作用特点、注意事项
	（1）2.5% （2）5% （3）10% **恩诺沙星可溶性粉(赛鸽用)** 5g ∶ 0.25g **恩诺沙星粉（水产用）** （1）5% （2）10%	**皮下注射：**一次量，每1kg体重，犬、猫5mg。一日1次，连用5日。 **皮下、静脉注射：**一次量，每1kg体重，牛2.5~5mg，一日1次，连用3~5日。 **混饮（恩诺沙星溶液）：**每1L水，禽50~75mg。 **内服（恩诺沙星溶液）：**一次量，仔猪每3kg体重5mg，一日1次，连用3日。 **混饮（恩诺沙星可溶性粉）：**每1L水，鸡25~75mg，一日2次，连用3~5日；赛鸽0.25g，连用3~5日[恩诺沙星可溶性粉（赛鸽用）]。	水产动物500度·日（粉剂）

续表

药物名称	制剂、规格	适应证、用法及用量	作用特点、注意事项
		桑叶添食[恩诺沙星溶液（蚕用）]：一次量，取本品 1 支，加水 125ml 混匀，喷洒于 1.25kg 桑叶。喷洒时以桑叶正反两面湿润为度。发现病蚕后第 1 日，喂饲药叶 24 小时，第 2 日和 3 日分别喂饲药叶 6 小时。 **拌饵投喂**：一次量，每 1kg 体重，10~20mg。连用 5~7 日	
环丙沙星 Ciprofloxacin	**乳酸环丙沙星注射液** 按环丙沙星计算 （1）5ml ：0.25g （2）10ml ：0.5g （3）5ml ：0.5g （4）10ml ：1g	用于多数革兰氏阴性菌和球菌（大肠杆菌、克雷伯菌、沙门菌、变形杆菌、嗜血杆菌、巴氏杆菌、弯曲杆菌、气单胞菌）、革兰氏阳性菌（葡萄球菌，包括产青霉素酶和耐甲氧西林菌）	

药物名称	制剂、规格	适应证、用法及用量	作用特点、注意事项
	（5）10ml：50mg （6）10ml：0.2g **乳酸环丙沙星可溶性粉** 按环丙沙星计算 （1）2% （2）5% （3）10% **盐酸环丙沙星可溶性粉** （1）2% （2）5% （3）10% **盐酸环丙沙星注射液** （1）10ml：环丙沙星 0.2g+葡萄糖 0.5g （2）10ml：环丙沙星 0.5g+葡萄糖 0.5g	等畜禽细菌性疾病和支原体感染。如鸡的慢性呼吸道病、大肠杆菌病、传染性鼻炎、禽巴氏杆菌病、禽伤寒、葡萄球菌病、仔猪的黄痢和白痢等。 **混饮**：每 1L 水，40~80mg。 一日 2 次，连用 3 日（乳酸环丙沙星可溶性粉）。每 1L 水，15~25mg。连用 3 日（盐酸环丙沙星可溶性粉）。 **肌内注射**：一次量，每 1kg 体重，家畜 2.5mg；禽 5mg。一日 2 次。 **静脉注射**：一次量，每 1kg 体重，家畜 2mg。一日 2 次。	①慎用于供繁殖用幼龄种畜及马驹。 ②孕畜及泌乳母畜禁用。 ③对中枢系统有潜在兴奋作用，诱导癫痫发作，患癫痫的犬慎用。 ④肉食动物及肾功能不全动物慎用。对有严重肾病或肝病的动物需调节用量，以免体内药物蓄积。 ⑤产蛋供人食用的鸡或其他禽类，在产蛋期不得使用。 ⑥休药期：牛 14 日，猪 10 日，禽 28 日；弃奶期 84 小时（乳酸环丙沙星注射液）。禽 8 日（乳酸环丙沙星可溶性粉）。28 日（盐酸环丙沙星可溶性粉）。畜、禽 28 日；弃奶期 7 日（盐酸环丙沙星注射液）

续表

药物名称	制剂、规格	适应证、用法及用量	作用特点、注意事项
		静脉、肌内注射（盐酸环丙沙星注射液）：一次量，每1kg体重，家畜2.5~5mg；家禽5~10mg。一日2次，连用3日	
达氟沙星 Danofloxacin（丹诺沙星）	**甲磺酸达氟沙星注射液** 按达氟沙星计算 （1）5ml：50mg （2）10ml：0.1g （3）5ml：0.1g （4）5ml：0.125g （5）10ml：0.25g **甲磺酸达氟沙星粉** 按达氟沙星计算 （1）2% （2）2.5% （3）10%	用于革兰氏阴性菌（大肠杆菌、巴氏杆菌、胸膜肺炎放线杆菌）和支原体所致的畜禽感染。如牛巴氏杆菌病、肺炎；猪传染性胸膜肺炎、支原体性肺炎；禽大肠杆菌病、禽霍乱、慢性呼吸道病等。 **肌内注射**：一次量，每1kg体重，猪1.25~2.5mg。一日1次，连用3日。 **内服**：一次量，每1kg体重，鸡2.5~5mg。一日1次，连用3日。	①勿与含铁制剂在同一日内使用。 ②孕畜及泌乳母畜禁用。 ③产蛋供人食用的鸡或其他禽类，在产蛋期不得使用。 ④休药期：猪25日（注射液）。鸡5日（粉、溶液）

药物名称	制剂、规格	适应证、用法及用量	作用特点、注意事项
	甲磺酸达氟沙星溶液 按达氟沙星计算 2%	**混饮：**每1L水，鸡25~50mg。一日1次，连用3日	
二氟沙星 Difloxacin	**盐酸二氟沙星片** 按二氟沙星计算5mg **盐酸二氟沙星注射液** 按二氟沙星计算 （1）10ml：0.2g （2）50ml：1g （3）100ml：2.5g **盐酸二氟沙星粉** 按二氟沙星计算 （1）2.5% （2）5% **盐酸二氟沙星溶液** 按二氟沙星	用于多数革兰氏阴性菌（大肠杆菌、肠杆菌属、弯曲菌属、志贺菌属、变形杆菌属、巴氏杆菌、克雷伯菌属）、革兰氏阳性菌（葡萄球菌）、支原体等所致的畜禽感染。如猪传染性胸膜肺炎、猪肺疫、猪气喘病，犬的脓皮病，鸡的慢性呼吸道病等。 **内服：**一次量，每1kg体重，鸡5~10mg。一日2次，连用3~5日。 **肌内注射：**一次量，每1kg体重，猪5mg。一日2次，连用3日	①产蛋供人食用的鸡或其他禽类，在产蛋期不得使用。 ②不宜与抗酸剂或其他包括二价或三价阳离子的制剂同用。 ③肌内注射有一过性疼痛。 ④肝、肾功能不全和脱水者慎用。 ⑤休药期：鸡1日（片、粉、溶液）。猪45日（注射液）

续表

药物名称	制剂、规格	适应证、用法及用量	作用特点、注意事项
	计算 （1）2.5% （2）5%		
沙拉沙星 Sarafloxacin	**盐酸沙拉沙星片** 按沙拉沙星计算 （1）5mg （2）10mg **盐酸沙拉沙星可溶性粉** 按沙拉沙星计算 （1）2.5% （2）5% （3）10% **盐酸沙拉沙星溶液** 按沙拉沙星计算 （1）1% （2）2.5% （3）5% **盐酸沙拉沙星注射液** 按沙拉沙星计算 （1）10ml ：	用于多数革兰氏阴性菌（大肠杆菌、肠杆菌属、弯曲菌属、志贺菌属、变形杆菌属、巴氏杆菌、克雷伯菌属）、革兰氏阳性菌（葡萄球菌）、支原体等所致的畜禽感染。如猪、鸡的大肠杆菌病、沙门菌病、支原体病和葡萄球菌感染等。也用于鱼敏感菌感染性疾病。 **内服：**一次量，每1kg体重，鸡5~10mg。一日2次，连用3~5日。 **混饮：**每1L水，鸡25~50mg。连用3~5日（可溶性粉）。每1L水，鸡20~50mg。连用3~5日（溶液）。	①产蛋供人食用的鸡，在产蛋期不得使用。 ②休药期：鸡1日（片、粉、溶液）。猪、鸡0日（注射液）

药物名称	制剂、规格	适应证、用法及用量	作用特点、注意事项
	0.1g （2）100ml：1g （3）100ml：2.5g	**肌内注射：**一次量，每1kg体重，猪、鸡2.5~5mg。一日2次，连用3日	
马波沙星 Marbofloxacin （麻保沙星）	**注射用马波沙星** 以 $C_{17}H_{19}FN_4O_4$ 计 0.1g **马波沙星片** （1）5mg （2）20mg （3）80mg **马波沙星注射液** （1）50ml：5g （2）100ml：10g （3）250ml：25g	用于多数广谱革兰氏阳性菌（特别是葡萄球菌属）、革兰氏阴性菌（大肠杆菌、鼠伤寒沙门氏菌、空肠弯曲杆菌、费氏柠檬酸杆菌、阴沟肠杆菌、黏质沙雷氏菌、摩氏摩根氏菌、变形杆菌、志贺菌属、猪胸膜肺炎放线杆菌、支气管败血性鲍特氏菌、多杀性巴氏杆菌、克雷伯菌属、嗜血杆菌属等）及支原体等所致的畜禽感染。如犬呼吸道、皮肤和软组织感染和尿路感染（脓皮病、脓包性皮炎、毛囊炎、蜂窝组织	①禁用于小于12个月的犬。 ②禁用于小于18个月的大丹犬或藏獒等成长期较长的大型犬。 ③存放应妥当，谨防儿童误服。 ④妊娠期的犬猫慎用，癫痫动物慎用。 ⑤为防止细菌对氟喹诺酮类药物产生耐药或交叉耐药，必要时，进行药敏试验后选择本品。 ⑥尿液的低pH值会对马波沙星的活性有抑制作用。 ⑦过量给药会引起急性神经障碍，应进行对症治疗。 ⑧对氟喹诺酮类药物过敏的人群应避免接触本品，如

续表

药物名称	制剂、规格	适应证、用法及用量	作用特点、注意事项
		炎、阴道炎、包皮炎）等；猫皮肤和软组织感染（如创伤、脓肿和蜂窝组织炎等）；母猪乳腺炎－子宫炎－无乳综合征；牛呼吸道感染和牛泌乳期乳腺炎。 **皮下注射**：一次量，每1kg体重，犬2mg，一日1次，连用3日。 **内服**：每1kg体重，犬2mg；一日1次，急性呼吸道感染连续用药7日，慢性呼吸道感染连续用药21日。或遵医嘱。每1kg体重，猫2mg；一日1次，用药3~5日。 **肌内注射**（马波沙星注射液）：一次量，每1kg体重，母猪2mg；一日1次，连用3	发生误服，请立即就医并出示产品标签和/或说明书。 ⑨休药期：猪7日（国内标准）。猪4日；牛肌内注射3日，弃奶期72小时；牛皮下注射6日，弃奶期36小时（进口标准）

续表

药物名称	制剂、规格	适应证、用法及用量	作用特点、注意事项
		日；牛（呼吸道感染），8mg，单次注射。 **皮下注射**（马波沙星注射液）：一次量，每1kg体重，牛（泌乳期乳腺炎）2mg，一日1次，连用3日	

1.4 喹噁啉类抗菌药

本类药物主要有乙酰甲喹、喹烯酮、喹乙醇等。后两种药物原来主要用于抗菌促生长剂，现已禁用。

药物名称	制剂、规格	适应证、用法及用量	作用特点、注意事项
乙酰甲喹 Mequindox（痢菌净）	**乙酰甲喹片** 0.1g 0.5g **乙酰甲喹注射液** （1）2ml：0.1g （2）5ml：0.25g	用于密螺旋体、多数革兰氏阴性菌（大肠杆菌、沙门菌、巴氏杆菌、变形杆菌）、某些革兰氏阳性菌（金黄色葡萄球菌、链球菌）等畜禽细菌性肠炎感染，	①剂量高于临床治疗量3~5倍时，或长时间应用会引起毒性反应，甚至死亡。 ②休药期：牛、猪35日

续表

药物名称	制剂、规格	适应证、用法及用量	作用特点、注意事项
	（3）10ml ：0.5g （4）5ml ：0.1g （5）10ml ：0.2g （6）10ml ：50mg	是治疗猪密螺旋体性痢疾的首选药。如仔猪黄痢和白痢、犊牛副伤寒、鸡白痢等。 内服：一次量，每1kg体重，牛、猪5~10mg。 肌内注射：一次量，每1kg体重，猪2~5mg	

1.5 硝基咪唑类抗菌药

药物名称	制剂、规格	适应证、用法及用量	作用特点、注意事项
甲硝唑 Metronidazole （灭滴灵、甲硝咪唑）	甲硝唑片 0.2g	抗原虫药。用于原虫和厌氧菌等引起的畜禽感染。如牛毛滴虫病、犬贾第虫病、肠道原虫病等。 内服：一次量，每1kg体重，牛60mg；犬25mg	①毒性较小，其代谢物常使尿液呈红棕色。当剂量过大，易出现舌炎、胃炎、恶心、呕吐、白细胞减少甚至神经症状，但均能耐过。 ②能透过胎盘屏障及乳腺屏障，哺乳及妊娠早期动物不宜使用。 ③休药期：牛28日

续表

药物名称	制剂、规格	适应证、用法及用量	作用特点、注意事项
地美硝唑 Dimetridazole（二甲硝唑、二甲硝咪唑）	**地美硝唑预混剂** 20%	用于猪密螺旋体性痢疾和禽组织滴虫病。**混饲：**每1000kg饲料，猪 1000~2500g，鸡 400~2500g（本品）	①不能与其他抗组织滴虫药联合使用。②鸡连续用药不得超过 10 日。③产蛋供人食用的鸡或其他禽类，在产蛋期不得使用。④休药期：猪、鸡 28 日

1.6 β－内酰胺类抗生素

β－内酰胺类抗生素是指其化学结构含有 β－内酰胺环的一类抗生素。兽医临床常用的药物主要包括青霉素类和头孢菌素类。

1.6.1 青霉素类抗生素

青霉素类（penicillins）分为天然青霉素和半合成青霉素。天然青霉素从青霉菌（*penicillium notatum*）的培养液中提取制得，含多种有效成分，主要有青霉素 F、青霉素 G、青霉素 X、青霉素 K 和双氢青霉素 F 五种。青霉素 G，又称苄青霉素（简称青霉素），较稳定，作用最强，产量较高，故在临床上使用最广。

青霉素是一种不稳定的有机酸，难溶于水，其羧基上的氢可以被钾和钠等金属离子取代而形成盐，也可以和多种有机碱结合成复盐（如普鲁卡因青霉素等）。青霉素钾盐比钠盐容易结晶，工业生产中产量较高，故过去产品以钾盐为主，但钾盐刺激性较强，现已多用钠盐。

天然青霉素具有杀菌力强、毒性低、使用方便和价格低廉等优点，但同时也有不耐酸、不耐青霉素酶、抗菌谱窄和容易引起过敏反应等缺点。因此，20 世纪 60 年代以来出现了大量半合成青霉素。兽医临床常用的半合成青霉素有：耐青霉素酶的青霉素，如苯唑西林和氯唑西林等；广谱青霉素，如氨苄西林、阿莫西林、海他西林和羧苄西林等。另外，为了克服青霉素在动物体内的有效血药浓度维持时间短的缺点，制成了一些难溶于水的有机碱复盐，如普鲁卡因青霉素和苄星青霉素（二苄基乙二胺青霉素），这些混悬液注射后，在注射局部肌肉内缓慢释放、吸收，可延长青霉素在动物体内的有效血药浓度维持时间。但此类制剂血药浓度较低，仅用于对青霉素高度敏感的慢性感染。

青霉素属杀菌性抗生素，杀菌速率比氨基糖苷类和氟喹诺酮类慢，并呈时间依赖性，因此只有频繁给药以使血中药物浓度高于其对病原体的 MIC，才能获得最佳的杀菌效果。

由于青霉素在兽医临床上长期、广泛应用，病原菌对青霉素的耐药性已十分普遍，尤其是金黄色葡萄球菌。现已发现多种青霉素酶抑制剂，如克拉维酸和舒巴坦等，与青霉素类合用（或制成复方制剂）可用于对青霉素耐药的细菌感染，常用的有阿莫西林与克拉维酸等复方制剂。

药物名称	制剂、规格	适应证、用法及用量	作用特点、注意事项
青霉素 Benzylpenicillin（苄青霉素、青霉素 G）	**注射用青霉素钠** 0.24g（40 万单位） 0.48g（80 万单位） 0.6g（100 万单位）	用于多数革兰氏阳性菌（链球菌、葡萄球菌、肺炎球菌、脑膜炎球菌），少数革兰氏阴性球菌（猪丹毒杆菌、棒状杆菌、炭疽	①青霉素钠（钾）易溶于水，水溶液不稳定，很易水解，水解率随温度升高而加速，因此注射液应在临用前配制。必须保存时，应置冰箱中（2~

药物名称	制剂、规格	适应证、用法及用量	作用特点、注意事项
	0.96g（160万单位） 2.4g（400万单位） **注射用青霉素钾** 0.25g（40万单位） 0.50g（80万单位） 0.625g（100万单位） 1g（160万单位） 2.5g（400万单位）	杆菌）、放线菌和螺旋体等敏感菌所致的畜禽感染。如猪丹毒、气肿疽、恶性水肿、放线菌病、马腺疫、坏死杆菌病、钩端螺旋体病及乳腺炎、皮肤软组织感染、关节炎、子宫炎、肾盂肾炎、肺炎、败血症和破伤风等。 **肌内注射**：一次量，每1kg体重，马、牛1万~2万单位，羊、猪、驹、犊2万~3万单位，犬、猫3万~4万单位，禽5万单位。一日2~3次，连用2~3日。 临用前，加灭菌注射用水适量使溶解	8℃），可保存7天。 ②大剂量注射可能出现高钠（钾）血症，对肾功能减退或心功能不全患畜会产生不良后果。 ③治疗破伤风时宜与破伤风抗毒素合用。 ④应了解与其他药物的相互作用和配伍禁忌，以免影响青霉素的药效。 ⑤休药期：牛、羊、猪、禽0日；弃奶期72小时
普鲁卡因青霉素 Procaine Benzylpenicillin	**注射用普鲁卡因青霉素** （1）40万单位〔普鲁卡	用于治疗革兰氏阳性菌（葡萄球菌、链球菌）、放线菌和钩端螺	①大环内酯类、四环素类和酰胺醇类等快速抑菌剂对青霉素的杀菌活性

续表

药物名称	制剂、规格	适应证、用法及用量	作用特点、注意事项
	因青霉素30万单位、青霉素钠（钾）10万单位〕 （2）80万单位［普鲁卡因青霉素60万单位、青霉素钠（钾）20万单位］ （3）160万单位〔普鲁卡因青霉素120万单位、青霉素钠（钾）40万单位〕 （4）400万单位［普鲁卡因青霉素300万单位、青霉素钠(钾)100万单位］ **普鲁卡因青霉素注射液** （1）5ml：75万单位（普鲁卡因青霉素742mg） （2）10ml：300万单位(普鲁卡因青霉素	旋体等引起的畜禽感染。 肌内注射：以有效成分计，一次量，每1kg体重，马、牛1万~2万单位；羊、猪、驹、犊2万~3万单位；犬、猫3万~4万单位。一日1次，连用2~3日	有干扰作用，不宜合用。 ②重金属离子（尤其是铜、锌、汞）、醇类、酸、碘、氧化剂、还原剂、羟基化合物，呈酸性的葡萄糖注射液或盐酸四环素注射液等可破坏青霉素的活性。 ③与盐酸氯丙嗪、盐酸林可霉素、酒石酸去甲肾上腺素、盐酸土霉素、盐酸四环素、B族维生素或维生素C不宜混合，否则可产生浑浊、絮状物或沉淀。 ④休药期：牛、羊4日，猪5日；弃奶期72小时（注射用普鲁卡因青霉素）。牛10日，羊9日，猪7日；弃奶期48小时（普鲁卡因青霉素注射液）

药物名称	制剂、规格	适应证、用法及用量	作用特点、注意事项
	2967mg） （3）10ml：450万单位(普鲁卡因青霉素4451mg)		
苄星青霉素 Benzathine Benzylpenicillin	**注射用苄星青霉素** （1）30万单位 （2）60万单位 （3）120万单位	用于治疗革兰氏阳性菌（葡萄球菌、链球菌）、放线菌、螺旋体等引起的畜禽感染。如家畜呼吸道感染、肺炎，牛肾盂肾炎、子宫蓄脓等。 **肌内注射：**以苄星青霉素计，一次量，每1kg体重，马、牛2万~3万单位；羊、猪3万~4万单位；犬、猫4万~5万单位。必要时3~4日重复1次。或遵医嘱	①血药浓度较低，急性感染时应与青霉素钠并用。 ②注射液应在临用前配置。 ③应注意与其他药物的相互作用和配伍禁忌，以免影响其药效。 ④休药期：牛、羊4日，猪5日；弃奶期3日
氨苄西林 Ampicillin（氨苄青霉素、安比西林）	**注射用氨苄西林钠** 按$C_{16}H_{19}N_3O_4S$计算 （1）0.5g	用于治疗革兰氏阴性菌（大肠杆菌、变形杆菌、沙门菌、嗜血杆菌、布鲁杆	①对青霉素酶敏感，不宜用于耐青霉素的金黄色葡萄球菌感染。 ②产蛋供人食用

续表

药物名称	制剂、规格	适应证、用法及用量	作用特点、注意事项
	（2）1.0g （3）2.0g **氨苄西林可溶性粉** 5% **氨苄西林钠可溶性粉** 10% **注射用氨苄西林钠氯唑西林钠** 按 $C_{16}H_{19}N_3O_4S$ 计算 （1）0.5g（$C_{16}H_{19}N_3O_4S$ 0.25g+ $C_{19}H_{18}ClN_3O_5S$ 0.25g） （2）1.0g（$C_{16}H_{19}N_3O_4S$ 0.5g+ $C_{19}H_{18}ClN_3O_5S$ 0.5g） （3）2.0g（$C_{16}H_{19}N_3O_4S$ 1g+ $C_{19}H_{18}ClN_3O_5S$ 1g）	菌和巴氏杆菌等）等引起的畜禽感染。如驹、犊肺炎，牛巴氏杆菌病、肺炎、乳腺炎，猪传染性胸膜肺炎，鸡白痢、禽伤寒等。严重感染时，可与氨基糖苷类抗生素合用以增强疗效。 **肌内、静脉注射：**以氨苄西林计，一次量，每1kg体重，家畜10~20mg。一日2~3次，连用2~3日。 **混饮：**每1L水，鸡60mg。 **肌内注射或静脉滴注：**临用前加适量灭菌注射用水或氯化钠注射液溶解。一次量，每1kg体重，家畜20mg。一日2~3次，连用3日	的鸡或其他禽类，在产蛋期不得使用。 ③对青霉素过敏的动物禁用。 ④溶解后应立即使用。 ⑤休药期：牛6日，猪15日；弃奶期48小时（注射用氨苄西林钠）。鸡7日（可溶性粉）。28日；弃奶期7日（注射用氨苄西林钠氯唑西林钠）

药物名称	制剂、规格	适应证、用法及用量	作用特点、注意事项
阿莫西林 Amoxicillin（羟氨苄青霉素）	**阿莫西林可溶性粉** （1）5% （2）10% （3）50% （4）80% **注射用阿莫西林钠** 按 $C_{16}H_{19}N_3O_5S$ 计算 （1）0.5g （2）1.0g （3）2.0g （4）4.0g **阿莫西林注射液** （1）100ml：15g （2）250ml：37.5g （3）500ml：75g **阿莫西林克拉维酸钾注射液** 10ml：阿莫西林 1.4g 与克拉维酸 0.35g **阿莫西林克拉维酸钾片**	用于治疗革兰氏阳性菌（金黄色葡萄球菌、链球菌）、革兰氏阴性菌（大肠杆菌、沙门菌、巴氏杆菌）等引起的畜禽感染。如，大肠埃希菌引起的仔猪白痢；犬、猫皮肤及软组织感染（脓性皮炎、脓肿和肛腺炎）、牙感染（牙龈炎）、尿道感染、呼吸道感染和肠炎。 **内服**：一次量，每 1kg 体重，鸡 20~30mg，一日 2 次，连用 5 日（一次量，每 1kg 体重，鸡 15~20mg，一日 1 次，连用 5~7 日，进口标准）。 **混饮**：每 1L 水，鸡 60mg，连用 3~5 日（每 1L 水，鸡 75~100mg，一	①产蛋供人食用的鸡或其他禽类，在产蛋期不得使用。 ②对青霉素耐药的细菌感染不宜使用。 ③对青霉素过敏的动物禁用。 ④现配现用。 ⑤每个注射位点最大注射体积牛 20ml、猪 5ml、犬 2.5ml。 ⑥阿莫西林硫酸黏菌素注射液避免超剂量使用，当剂量大于推荐剂量 3 倍（0.6ml/kg 体重）时，应慎重使用，当一次注射体积超过 6ml，应分点注射；局部注射体积过大引起疼痛增加、注射部位出现肌肉变性、水肿。 ⑦休药期：鸡 7 日（阿莫西林可溶性粉）。家畜 14 日，弃奶期 120 小时（注射用阿莫西林钠）。

药物名称	制剂、规格	适应证、用法及用量	作用特点、注意事项
	（1）50mg（$C_{16}H_{19}N_3O_5S$ 40mg+$C_8H_9NO_5$ 10mg） （2）250mg（$C_{16}H_{19}N_3O_5S$ 200mg+$C_8H_9NO_5$ 50mg） （3）500mg（$C_{16}H_{19}N_3O_5S$ 400mg+$C_8H_9NO_5$ 100mg） **注射用阿莫西林钠克拉维酸钾** 0.75g（$C_{16}H_{19}N_3O_5S$ 0.6g+$C_8H_9NO_5$ 0.15g） **复方阿莫西林乳房注入剂** （1）3g∶0.2g（$C_{16}H_{19}N_3O_5S$）+0.05g（$C_8H_{11}NO_5S$）+0.01g（$C_{21}H_{28}O_5$） （1）12g∶0.8g（$C_{16}H_{19}N_3O_5S$）+0.2g（$C_8H_{11}NO_5S$）+0.04g（$C_{21}H_{28}O_5$）	日1次，连用5~7日，进口标准） **皮下或肌内注射**（注射用阿莫西林钠）：一次量，每1kg体重，家畜5~10mg。一日2次，连用3~5日。 **肌内注射**（阿莫西林注射液）：一次量，每1kg体重，牛、猪15mg。必要时48小时再注射一次。 **皮下注射**（注射液）：一次量，每1kg体重，犬15mg。必要时48小时再注射1次。 **肌内或皮下注射**（阿莫西林克拉维酸钾注射液）：一次量，每1kg体重，犬、	牛18日，弃奶期72小时；猪21日（阿莫西林克拉维酸钾注射液）。猪2日（注射用阿莫西林钠克拉维酸钾）。弃奶期60小时（复方阿莫西林乳房注入剂）。牛7日，弃奶期60小时［复方阿莫西林乳房注入剂（泌乳期）］。鸡8日（阿莫西林硫酸黏菌素可溶性粉）。猪29日（阿莫西林硫酸黏菌素注射液）

药物名称	制剂、规格	适应证、用法及用量	作用特点、注意事项
	复方阿莫西林乳房注入剂（泌乳期） 3g：阿莫西林0.2g+克拉维酸0.05g+泼尼松龙0.01g **阿莫西林硫酸黏菌素可溶性粉** 100g：阿莫西林10g+黏菌素2g（6000万单位） **阿莫西林硫酸黏菌素注射液** （1）20ml：阿莫西林2g+黏菌素0.17g（500万单位） （2）100ml：阿莫西林10g+黏菌素0.85g（2500万单位）	猫1ml。每日1次，连用3~5日。 **内服**（阿莫西林克拉维酸钾片）：一次量，每1kg体重，犬、猫12.5~25mg。每日2次，连用5~7日；一些慢性感染（慢性皮炎、慢性膀胱炎和慢性呼吸道感染）的治疗可连用10~28日。 **肌内注射**（注射用阿莫西林钠克拉维酸钾）：一次量，每1kg体重，猪6mg。每日2次，连用5日。 **乳管注入**：挤奶后每乳室3g，每12小时给药1次，连用3次。 **混饮**（阿莫西	

续表

药物名称	制剂、规格	适应证、用法及用量	作用特点、注意事项
		林硫酸黏菌素可溶性粉）：每1L水，鸡1g（本品），连用5日。 **肌内注射**（阿莫西林硫酸黏菌素注射液）：一次量，每1kg体重，猪0.1~0.2ml，一日1次，连用3~5日	
苯唑西林 Oxacillin（苯唑青霉素、新青霉素Ⅱ）	**注射用苯唑西林钠** 按$C_{19}H_{19}N_3O_5S$计算 （1）0.5g （2）1.0g （3）2.0g	用于治疗对青霉素耐药的金黄色葡萄球菌引起的家畜感染。如败血症、肺炎、乳腺炎、烧伤创面感染等。 **肌内注射**：以苯唑西林计，一次量，每1kg体重，马、牛、羊、猪10~15mg；犬、猫15~20mg。一日2~3次，连用2~3日。或遵医嘱	①苯唑西林钠水溶液不稳定，易水解，水解率随温度升高而加速，因此注射液应在临用前配制；必须保存时，应置冰箱中（2~8℃），可保存7天，在室温只能保存24小时。 ②大剂量注射时可能出现高血钠症。对肾功能减退或心功能不全患畜会产生不良后果。 ③休药期：牛、羊14日，猪5日；弃奶期72小时

续表

药物名称	制剂、规格	适应证、用法及用量	作用特点、注意事项
氯唑西林 Cloxacillin（邻氯青霉素）	注入用氯唑西林钠 按$C_{19}H_{18}ClN_3O_5S$计算 0.5g 苄星氯唑西林乳房注入剂 按$C_{19}H_{18}ClN_3O_5S$计算 （1）10ml：0.5g （2）250ml：12.5g 苄星氯唑西林乳房注入剂（干乳期） 按$C_{19}H_{18}ClN_3O_5S$计3.6g：600mg	用于治疗革兰氏阳性菌（葡萄球菌包括耐青霉素葡萄球菌）等引起的畜禽感染。如动物的皮肤和软组织的葡萄球菌感染、奶牛乳腺炎。 **乳管注入**（注入用氯唑西林钠）：以氯唑西林计，奶牛每乳管 200mg。 **乳管注入**（苄星氯唑西林乳房注入剂）：干乳期奶牛，每乳室 10ml。 **乳管注入**［苄星氯唑西林乳房注入剂（干乳期）］：干乳期奶牛，每乳室 1 支	①产犊前 42 日内禁用苄星氯唑西林乳房注入剂。 ②对青霉素过敏者不要接触本品。使用人员应避免直接接触产品中的药物，然后及时洗手。如出现皮肤红疹，应马上就医。脸、唇和眼肿胀或呼吸困难为严重过敏表现，急需医疗救护。大环内酯类、四环素类和酰胺醇类等速效抑菌剂对青霉素的杀菌活性有干扰作用，不宜合用。 ③重金属离子（尤其是铜、锌、汞）、醇类、酸、碘、氧化剂、还原剂、羟基化合物，呈酸性的葡萄糖注射液或盐酸四环素注射液等可破坏青霉素的活性，属配伍禁忌。 ④休药期：10 日；弃奶期 48 小时（注入用氯唑西林钠）；牛 28 日。弃奶期：

续表

药物名称	制剂、规格	适应证、用法及用量	作用特点、注意事项
			产犊后96小时（苄星氯唑西林乳房注入剂）

1.6.2 头孢类抗生素

头孢菌素类为半合成广谱抗生素。化学结构中含 β－内酰胺环，与青霉素类共称为 β－内酰胺类抗生素。

根据发现的时间先后、抗菌谱和对 β－酰胺酶的稳定性，目前将头孢菌素类分为四代。第一代头孢菌素的抗菌谱与广谱青霉素相似。对青霉素酶稳定，但仍可被多数革兰氏阴性菌的 β－酰胺酶水解，因此主要用于革兰氏阳性菌感染。常用的有头孢氨苄（先锋霉素Ⅳ）和头孢羟氨苄等。第二代头孢菌素对革兰氏阳性菌的活性与第一代相近或稍弱，但抗菌谱较广，多数品种能耐受 β－酰胺酶，对革兰氏阴性菌的抗菌活性增强，如头孢西丁等。第三代头孢菌素的抗菌谱更广，对革兰氏阴性菌的作用比第二代进一步加强，但对金黄色葡萄球菌的活性不如第一代和第二代头孢菌素，如头孢噻呋。20世纪90年代以后有不少新头孢菌素问世，统称第四代，抗菌谱比第三代更广，对 β－内酰胺酶稳定，对金葡菌等革兰氏阳性菌的作用有所增强，多数品种对铜绿假单胞菌有较强的作用，如头孢喹肟。头孢噻呋与头孢喹肟为动物专用。

本类抗生素的特点是抗菌谱广，杀菌力强，对胃酸和 β－内酰胺酶较稳定，过敏反应少。抗菌作用机理与青霉素相似，也是与细菌细胞壁上的青霉素结合蛋白结合而抑制细菌细胞壁合成，导致细菌死亡。对多数耐青霉素的细菌仍然敏感，但与青霉素之间存在部分交叉耐药现象。头孢菌素与青霉素类、氨基糖苷类合用有协同作用。

药物名称	制剂、规格	适应证、用法及用量	作用特点、注意事项
头孢洛宁 Cefalonium	**头孢洛宁乳房注入剂（干乳期）** 以$C_{20}H_{18}N_4O_5S_2$计算 3g ：250mg	用于治疗干乳期隐性乳腺炎和预防由葡萄球菌、链球菌、大肠杆菌等敏感菌引起的干乳期新发感染。 **乳管注入：**干乳期奶牛，每乳室 1 支	①仅用于干乳期奶牛。 ②使用前将药液摇匀。 ③对 β－内酰胺类抗生素过敏的动物禁用，对此类药物有过敏反应者请避免直接接触本品。 ④给药前，乳汁要完全挤出，用干净的毛巾擦净乳头；给药后，轻轻按摩乳房，使药物完全扩散。 ⑤置于儿童不可触及处。 ⑥避免本品冷藏和冷冻。 ⑦治疗期间及给药后 30 日内禁止屠宰食用。 ⑧弃奶期：在奶牛预产期 54 日前给药，弃奶期为产犊后 96 小时；若不足 54 日分娩，则给药时间延长至满

续表

药物名称	制剂、规格	适应证、用法及用量	作用特点、注意事项
			足 54 日后，再弃奶 96 小时
头孢氨苄 Cephalexin（先锋霉素Ⅳ）	**头孢氨苄注射液** 10ml ：1g **头孢氨苄片** （1）75mg （2）300mg （3）600mg **头孢氨苄单硫酸卡那霉素乳房注入剂（泌乳期）** 10g ：头孢氨苄 0.2g + 卡那霉素 0.1g（10万单位）	用于治疗革兰氏阳性菌（肠球菌除外）、部分革兰氏阴性菌（大肠杆菌、奇异变形杆菌、克雷伯杆菌、沙门菌、志贺氏菌）等引起的家畜感染。如猪、犬皮肤感染（脓皮病、毛囊炎、蜂窝组织炎）等。 **肌内注射**：一次量，每 1kg 体重，猪 0.01g。一日 1 次。 **内服**：一次量，每 1kg 体重，犬 15mg。一日 2 次，治疗尿路感染连用 14 日；浅表脓皮病连用 7~14 日；深层脓皮病连用 28 日。 **乳室注入**：每	①应振摇均匀后使用。 ②对头孢菌素、青霉素过敏动物慎用。 ③禁用于兔、豚鼠、沙鼠和仓鼠。 ④肾功能受损的动物同时服用其他经肾排泄的药物会增加本药在体内的蓄积，因此在动物肾功能不全时可减少本药的用量。 ⑤对青霉素类药物过敏的人不要操作该产品。使用本品时要倍加小心以避免直接接触，使用后要洗手。 ⑥给药人员皮肤出现红疹时要尽快就医，若嘴唇、眼睑和脸部肿胀、呼吸困难要立即拨打急救电话。 ⑦仅适用于临床型乳腺炎的治疗。

药物名称	制剂、规格	适应证、用法及用量	作用特点、注意事项
		个感染乳室10g，间隔24小时再注入1次	注入前应将乳房中的奶完全挤掉，彻底清洁消毒乳头，小心操作避免灌输器管嘴污染。每支注射器只能用于一个乳区。 ⑧休药期：猪28日。牛10日；弃奶期5日（乳房注入剂）
头孢羟氨苄 Cefadroxil	**头孢羟氨苄片** 按$C_{16}H_{17}N_3O_5S$计算 （1）0.125g （2）0.25g （3）0.5g	β-内酰胺类抗生素。用于犬猫由敏感的葡萄球菌、链球菌、巴氏杆菌和克雷伯菌等引起的呼吸道、泌尿道、皮肤和软组织感染。 **口服**：每1kg体重，犬、猫22mg；每日1次。应持续给药至疾病症状消失后2~3日	①建议喂食时或喂食后给药。 ②已知对青霉素或头孢菌素敏感的人应避免接触本品。 ③远离儿童
头孢维星 Cefovecin	**注射用头孢维星钠** 800mg（用注射用水10ml溶解后，溶液	用于治疗革兰氏阳性菌（葡萄球菌、链球菌）、革兰氏阴性菌（大肠杆菌、变	①在2~8℃条件下遮光保存；配置后的溶液在原包装中遮光、冷藏保存，可保存28日。

续表

药物名称	制剂、规格	适应证、用法及用量	作用特点、注意事项
	的浓度为80mg/ml）	形杆菌、巴氏杆菌）等引起的犬、猫感染。如犬、猫的创伤、脓肿等皮肤感染以及尿道感染。 **皮下注射：**每1kg体重，犬、猫8mg（以头孢维星计）。最多可维持14日。如果对犬的治疗效果不彻底，可以进行第二次皮下注射，最多不应超过2次	②对β-内酰胺类药物过敏的犬、猫禁用。如发生过敏性反应，应根据临床表现，采取注射肾上腺素和其他应急措施，包括输氧、静脉输液、静注抗组胺药、皮质类激素。 ③置于儿童接触不到的地方。 ④操作人员应避免皮肤和黏膜直接接触药物，在人体意外接触到该药时，可能发生过敏反应，应及时向医生咨询。 ⑤本品在体外实验中显示，可以导致卡洛芬、呋塞米、多西环素以及酮康唑的自由态药物浓度上升，这些或者其他具有高度蛋白质结合能力的药物（如非甾体类抗炎药、异丙酚、强心药、抗惊厥药以及行为治疗药）的同

药物名称	制剂、规格	适应证、用法及用量	作用特点、注意事项
			时使用可能会与头孢维星结合并导致不良反应。 ⑥本品在小于4月龄的犬和猫以及处于繁殖或哺乳期的动物中使用的安全性尚未测定。对注射部位的长期影响也未测定
头孢噻呋 Ceftiofur	**注射用头孢噻呋** 按$C_{19}H_{17}N_5O_7S_3$计算， （1）0.1g （2）0.2g （3）0.5g （4）1.0g **注射用头孢噻呋钠** 按$C_{19}H_{17}N_5O_7S_3$计算， （1）0.1g （2）0.2g （3）0.5g （4）1.0g （5）4.0g **头孢噻呋注射液**	用于治疗革兰氏阳性菌（葡萄球菌、链球菌）、革兰氏阴性菌（大肠杆菌、沙门氏菌、巴氏杆菌、胸膜肺炎放线杆菌）等引起的畜禽感染。如猪细菌性呼吸道感染，牛支气管肺炎，奶牛干乳期乳腺炎，雏鸡大肠杆菌、沙门菌感染等。 **肌内注射**（注射用头孢噻呋、注射用头孢噻呋钠、盐酸头孢噻呋注射液）：一次量，每1kg	①对肾功能不全动物应调整剂量。 ②对β-内酰胺类抗生素过敏的人应避免接触本品，避免儿童接触。 ③现配现用。 ④使用前将药液摇匀，一次性注入乳管中。用过的注射器不可再用。 ⑤用于奶牛干乳期乳腺炎的治疗，禁用于泌乳期奶牛。给药前，乳汁要完全挤出，用干净的毛巾擦净乳头；给药后，轻轻按摩乳房，使药物完全扩散。 ⑥头孢噻呋晶体

续表

药物名称	制剂、规格	适应证、用法及用量	作用特点、注意事项
	按 $C_{19}H_{17}N_5O_7S_3$ 计算 （1）10ml：0.5g （2）20ml：1.0g （3）50ml：2.5g （4）100ml：5.0g （5）10ml：1.0g （6）20ml：2.0g （7）50ml：5.0g （8）100ml：10.0g **盐酸头孢噻呋注射液** 按 $C_{19}H_{17}N_5O_7S_3$ 计算 （1）10ml：1g （2）20ml：2g （3）50ml：1.25g （4）50ml：2.5g	体重，猪 3mg。一日 1 次，连用 3 日。 **肌内注射**（盐酸头孢噻呋注射液）：一次量，每 1kg 体重，猪 3~5mg。一日 1 次，连用 3~4 日。 **皮下注射**：一日龄雏鸡，每羽 0.1mg（注射用头孢噻呋、注射用头孢噻呋钠）；牛 1mg，一日 1 次，连用 3~5 日（盐酸头孢噻呋注射液）。 **乳管注入**：每个乳室注入 1 支。 **皮下注射**（头孢噻呋晶体注射液 20%）：每 1kg 体重，牛 6.6mg。	注射液 20% 仅用于牛，10% 仅用于猪。注射部位：泌乳期奶牛耳根处、肉牛和非泌乳牛耳根处或耳轴长轴中部、猪耳后缘颈部。 ⑦休药期：猪 1 日（注射用头孢噻呋）；猪 4 日（注射用头孢噻呋钠）；猪 5 日（头孢噻呋注射液）；猪 7 日、牛 8 日，弃奶期 12 小时（盐酸头孢噻呋注射液）。雏鸡 0 日（注射用头孢噻呋钠）；产犊前 60 天给药，弃奶期 0 天 [盐酸头孢噻呋乳房注入剂（干乳期）]；牛 13 日、猪 71 日，弃奶期 0 日（头孢噻呋晶体注射液）

药物名称	制剂、规格	适应证、用法及用量	作用特点、注意事项
	（5）50ml：5g （6）100ml：5g （7）100ml：10g （8）250ml：12.5g **头孢噻呋晶体注射液** （1）50ml：5g （2）100ml：10g （3）50ml：10g （4）100ml：20g （5）100ml：50g **盐酸头孢噻呋乳房注入剂（干乳期）** 按$C_{19}H_{17}N_5O_7S_3$计 （1）10ml/支（10ml：500mg） （2）8ml/支（8ml：500mg）	肌内注射（头孢噻呋晶体注射液 10%）：每 1kg 体重，猪 5mg	

续表

药物名称	制剂、规格	适应证、用法及用量	作用特点、注意事项
头孢喹肟 Cefquinome （头孢喹诺）	**注射用硫酸头孢喹肟** 按 $C_{23}H_{24}N_6O_5S_2$ 计算 （1）50mg （2）0.1g （3）0.2g （4）0.5g **硫酸头孢喹肟注射液** 按 $C_{23}H_{24}N_6O_5S_2$ 计算 （1）5ml：0.125g （2）10ml：0.1g （3）10ml：0.25g （4）20ml：0.5g （5）30ml：0.75g （6）50ml：1.25g （7）100ml：2.5g **硫酸头孢喹肟乳房注入剂**（泌乳期）	用于治疗革兰氏阳性菌（葡萄球菌、链球菌、肠球菌）、革兰氏阴性菌（大肠杆菌、沙门氏菌、巴氏杆菌、胸膜肺炎放线杆菌、克雷伯菌、铜绿假单胞菌）等引起的畜禽感染。如牛、猪溶血性巴氏杆菌或多杀性巴氏杆菌引起的支气管肺炎，猪放线杆菌性胸膜肺炎、渗出性皮炎，奶牛乳腺炎等。 **肌内注射**（注射用硫酸头孢喹肟）：以头孢喹肟计，一次量，每1kg体重，猪2mg，一日1次，连用3~5日。 **皮下注射**（注射用硫酸头孢喹肟）：一次量，每1kg体重，犬	①对β-内酰胺类抗生素过敏的动物禁用。 ②对青霉素和头孢类抗生素过敏者勿接触本品。 ③现用现配。 ④注射用硫酸头孢喹肟在溶解时会产生气泡，操作者应加以注意。 ⑤使用前应充分摇匀。 ⑥灌注后轻轻按摩使药物在乳池内均匀分散。鉴于未进行奶牛体内消除研究，建议肌肉及内脏慎食用。 ⑦休药期：猪1日（注射用硫酸头孢喹肟）、3日（硫酸头孢喹肟注射液）。弃奶期4日（泌乳期注入剂）。干乳期超过5周，弃奶期为产犊后1天；干乳期不足5周，弃奶期为给药后36天（干乳期注入剂）

续表

药物名称	制剂、规格	适应证、用法及用量	作用特点、注意事项
	按$C_{23}H_{24}N_6O_5S_2$计算 8g : 75mg **硫酸头孢喹肟乳房注入剂（干乳期）** 按$C_{23}H_{24}N_6O_5S_2$计算 3g : 150mg	5mg；一日 1~2 次，连用 7 日。或遵医嘱。 **肌内注射**（硫酸头孢喹肟注射液）：以头孢喹肟计，一次量，每 1kg 体重，猪 2~3mg，一日 1 次，连用 3 日。 **乳房灌注**：挤奶后将注射器中的药物缓缓注入感染的乳头，每 12 小时 1 次，连用 3 次	

1.7 大环内酯类抗生素

大环内酯类（macrolides）是由链霉菌产生或半合成的一类弱碱性抗生素，具有 14 ~ 16 元环内酯结构。动物专用品种有泰乐菌素、替米考星、泰万菌素、泰拉霉素、加米霉素、泰地罗新等。

大环内酯类抗生素的抗菌谱和抗菌活性基本相似，主要对多数革兰氏阳性菌、革兰氏阴性球菌、厌氧菌及军团菌、支原体、衣原体有良好作用。本类药物与细菌核糖体的 50S 亚基可逆性结合，阻断转肽作用和 mRNA 位移而抑制细菌蛋白质合成。大环内酯类抗生素的这种作用基本上被限于快速分裂的细菌和支原体，属生长期快效抑菌剂。

一些细菌可合成甲基化酶，将位于核糖体 50S 亚基上的 23S rRNA 上的腺嘌呤甲基化，导致大环内酯类抗生素不能与其结合，此为细菌对大环内酯类抗生素耐药的主要机制。大环内酯类和林可酰胺类抗生素的作用部位相同，所以耐药菌对上述两类抗生素常同时耐药。

药物名称	制剂、规格	适应证、用法及用量	作用特点、注意事项
红霉素 Erythromycin	红霉素片 （1）50mg（5 万单位） （2）0.125g（12.5 万单位） （3）0.25g（25 万单位） 硫氰酸红霉素可溶性粉 （1）100g：2.5g（250 万单位） （2）100g：5g（500 万单位） 注射用乳糖酸红霉素 按红霉素计 （1）0.25g（25 万单位） （2）0.3g	用于革兰氏阳性菌（耐青霉素葡萄球菌）、支原体等引起的感染。如鸡的葡萄球菌病、链球菌病、慢性呼吸道病和传染性鼻炎；猪支原体性肺炎；家蚕黑胸败血病。犬、猫的化脓性疾病。 内服：以红霉素计，一次量，每 1kg 体重，犬、猫 10~20mg；一日 2 次，连用 3~5 日。 混饮：每 1L 水，鸡 125mg（12.5 万单位）。连用	①忌与酸性物质配伍。 ②内服易被胃酸破坏，可应用肠溶片。 ③红霉素是微粒体酶抑制剂，可能抑制某些药物的体内代谢。 ④产蛋供人食用的鸡，在产蛋期不得使用。 ⑤与其他大环内酯类、林可胺类作用靶点相同，不宜同时使用。 ⑥与 β－内酰胺类合用表现拮抗作用。 ⑦注射用乳糖酸红霉素局部刺激性较强，不宜作肌内

药物名称	制剂、规格	适应证、用法及用量	作用特点、注意事项
	（30万单位） **硫氰酸红霉素胶囊（蚕用）** 5万单位	3~5日。 **静脉注射：**以红霉素计，一次量，每1kg体重，犬、猫5~10mg；一日2次，连用2~3日。或遵医嘱。临用前，先用灭菌注射用水溶解（不可用氯化钠注射液），然后用5%葡萄糖注射液稀释，浓度不超过0.1%。 **喷洒：**临用前，取本品1粒，内容物加水500mL，搅拌溶解，喷洒于5kg桑叶叶面，以桑叶正反面湿润为度，阴干后使用。添食：4龄1~2次；5龄3~4次，病情严重时可适当增加使用次数	注射。静脉注射的浓度过高或速度过快时，易发生局部疼痛和血栓性静脉炎，故静脉注射速度应缓慢。在pH过低的溶液中很快失效，注射溶液的pH值应维持在5.5以上。 ⑧休药期：鸡3日（可溶性粉）；牛14日，羊3日，猪7日；弃奶期72小时（注射用乳糖酸红霉素）

续表

药物名称	制剂、规格	适应证、用法及用量	作用特点、注意事项
吉他霉素 Kitasamycin （北里霉素、柱晶白霉素）	**吉他霉素片** （1）5mg（0.5万单位） （2）50mg（5万单位） （3）100mg（10万单位） **吉他霉素预混剂** （1）100g：10g（1000万单位） （2）100g：30g（3000万单位） （3）100g：50g（5000万单位） **酒石酸吉他霉素可溶性粉** （1）10g：5g（500万单位） （2）100g：10g（1000万单位）	用于治疗革兰氏阳性菌、支原体及钩端螺旋体等引起的畜禽感染。如革兰氏阳性菌（包括耐青霉素金黄色葡萄球菌）所致的感染、支原体病及猪的弧菌性痢疾等。 **内服**：以吉他霉素计，一次量，每1kg体重，猪20~30mg；禽20~50mg。一日2次，连用3~5日。 **混饲**：以吉他霉素计，每1000kg饲料，猪80~300g（8000万~30000万单位）；鸡100~300g（10000万~30000万单位）；连用5~7日。 **混饮**：每1L水，鸡0.25~0.5g。连用3~5日	①产蛋供人食用的鸡，在产蛋期不得使用。 ②休药期：猪、鸡7日（片、预混剂）

药物名称	制剂、规格	适应证、用法及用量	作用特点、注意事项
泰乐菌素 Tylosin	**注射用酒石酸泰乐菌素** （1）1g(100万单位) （2）2g(200万单位) （3）3g(300万单位) （4）6.25g（625万单位） **酒石酸泰乐菌素可溶性粉** （1）100g：10g（1000万单位） （2）100g：20g（2000万单位） （3）100g：50g（5000万单位） **酒石酸泰乐菌素可溶性粉（赛鸽用）** 5g：1g（100万单位） **酒石酸泰乐菌素胶囊（赛鸽用）**	用于治疗革兰氏阳性菌及支原体等引起的畜禽感染。如鸡的慢性呼吸道病、产气荚膜梭菌引起的鸡坏死性肠炎，猪的支原体肺炎、支原体关节炎、弧菌性痢疾等，鸽支原体病、鸽螺旋体病、鸟疫（鹦鹉热）等。 **皮下或肌内注射：**以酒石酸泰乐菌素计，一次量，每1kg体重，猪、禽5~13mg。 **混饮：**以泰乐菌素计，每1L水，禽500mg。连用3~5日。每2L水，赛鸽5g（100万单位）。连用3~5日。 **内服：**胶囊蘸水塞入赛鸽，每羽每次1粒，每日1次，连用3~5日。	①有局部刺激性。 ②产蛋供人食用的鸡或其他禽类，在产蛋期不得使用。 ③因与其他大环内酯类、林可胺类作用靶点相同，不宜同时使用。 ④与β-内酰胺类合用表现为拮抗作用。 ⑤可引起人接触性皮炎，避免直接接触皮肤，沾染的皮肤要用清水洗净。 ⑥酒石酸泰乐菌素磺胺二甲嘧啶可溶性粉的水溶液遇铁离子、铜离子、铝离子、锡离子等可形成络合物而失效。 ⑦休药期：猪21日，禽28日（注射剂）；鸡1日（可溶性粉）；猪、鸡5日（预混剂）。鸡28日（酒石酸泰乐菌素磺胺二甲嘧啶可溶性粉）。猪、鸡5日（磷酸泰乐菌素预混剂）

续表

药物名称	制剂、规格	适应证、用法及用量	作用特点、注意事项
	2.5 万单位 **酒石酸泰乐菌素磺胺二甲嘧啶可溶性粉** 100g：泰乐菌素 10g（1000 万单位）+ 磺胺二甲嘧啶 10g **磷酸泰乐菌素预混剂** （1）100g：2.2g（220 万单位） （2）100g：8.8g（880 万单位） （3）100g：10g（1000 万单位） （4）100g：22g（2200 万单位） **泰乐菌素注射液** 50ml：2.5g（250万单位）	**混饮**（酒石酸泰乐菌素磺胺二甲嘧啶）：每 1L 水，鸡 2~4g。连用 3~5 日。 **混饲**（酒石酸泰乐菌素磺胺二甲嘧啶）：每 1000kg 饲料，猪 10~100g，鸡 40~50g。 **混饲**（磷酸泰乐菌素预混剂）：以泰乐菌素计。每 1000kg 饲料，猪 10~100g，鸡 40~50g；用于治疗产气荚膜梭菌引起的鸡坏死性肠炎，50~150g，连用 7 日。 **肌内注射**：一次量，每 1kg 体重，犬、猫 10mg，一日 1 次，连用 3~5 日（泰乐菌素注射液）	

药物名称	制剂、规格	适应证、用法及用量	作用特点、注意事项
泰万菌素 Tylvalosin（乙酰异戊酰泰乐菌素）	**酒石酸泰万菌素可溶性粉** 按泰万菌素计算 25g（2500万单位）/袋 **酒石酸泰万菌素预混剂** 按泰万菌素计算 （1）100g：5g（500万单位） （2）100g：20g（2000万单位） （3）100g：50g（5000万单位）	用于治疗革兰氏阳性菌［金黄色葡萄球菌（包括耐青霉素菌株）、肺炎球菌、链球菌、炭疽杆菌、猪丹毒丝菌、李斯特氏菌、腐败梭菌、气肿疽梭菌等］及支原体等引起的畜禽感染。如鸡的慢性呼吸道病，猪的支原体肺炎、密螺旋体性痢疾等。 **混饮**：每1L水，鸡200~300mg。连用3~5日。 **混饲**：每1000kg饲料，猪50g~75g（5000万~7500万单位）；鸡100~300g（10000万~30000万单位），连用7日	①产蛋供人食用的鸡，在产蛋期不得使用。 ②不宜与青霉素类联合应用。 ③非治疗动物避免接触本品；避免眼睛和皮肤直接接触，操作人员应佩戴防护用品如面罩、眼镜和手套；严谨儿童接触本品。 ④休药期：鸡5日（酒石酸泰万菌素可溶性粉）；猪3日，鸡5日（预混剂）
替米考星 Tilmicosin	**替米考星注射液** 100mL：3g **替米考星预混**	用于革兰氏阳性菌、少数革兰氏阴性菌、支原体、螺旋体等引起的畜禽感染。	①禁止静脉注射。 ②肉牛犊禁用。 ③皮下注射可出现局部反应（水肿等）。

续表

药物名称	制剂、规格	适应证、用法及用量	作用特点、注意事项
	剂 （1）10% （2）20% 替米考星溶液 （1）10% （2）25% 替米考星可溶性粉 （1）10% （2）37.5%	如家畜肺炎（由胸膜肺炎放线杆菌、巴氏杆菌、支原体等感染引起）、禽支原体病及泌乳动物的乳腺炎。 皮下注射：以替米考星计，每1kg体重，牛10mg。仅注射1次。 混饲：以替米考星计，每1000kg饲料，猪200~400g。连用5日。 混饮：以替米考星计，每1L水，鸡75mg。连用3日	④注射时应密切监测心血管状态。 ⑤产蛋供人食用的鸡，在产蛋期不得使用。产乳供人食用的牛，在泌乳期不得使用。 ⑥替米考星对眼睛有刺激性，可引起过敏反应，避免与眼接触。 ⑦休药期：牛35日（注射液）；猪14日（预混剂）；鸡12日（溶液）；鸡10日（可溶性粉）
泰拉霉素 Tulathromycin	泰拉霉素注射液 （1）20ml：2g （2）50ml：5g （3）100ml：10g	用于革兰氏阳性菌、少数革兰氏阴性菌（巴氏杆菌）、支原体等引起的畜禽感染。如敏感的溶血性巴氏杆菌、多杀性巴氏	①对大环内酯内抗生素过敏者不能使用，不能与其他大环内酯类抗生素或林可霉素同时使用。 ②供生产人用乳品的泌乳期奶牛禁用；预计在2个月

药物名称	制剂、规格	适应证、用法及用量	作用特点、注意事项
	（4）250ml：25g （5）500ml：50g	杆菌、嗜血杆菌和支原体等引起的牛和猪呼吸道疾病。 **皮下注射：**一次量，每1kg体重，牛2.5mg（相当于1ml/40kg体重）。每个注射部位的给药剂量不超过7.5ml。 **颈部肌内注射：**一次量，每1kg体重，猪2.5mg（相当于1ml/40kg体重）。每个注射部位的给药剂量不超过2ml	内分娩的可能生产人用乳品的怀孕母牛或小母牛禁用本品。 ③首次开启或抽取药液后应在28天内使用。多次取药时，建议使用专用吸取针头或多剂量注射器，以避免在瓶塞上扎孔过多。 ④建议在疾病早期进行治疗，在给药后48小时内评价治疗效果。如果呼吸道疾病的症状仍然存在或增加，或出现复发，应改变治疗方案。 ⑤泰拉霉素对眼睛有刺激性，如果眼睛意外接触到本品，应立即用清水冲洗。 ⑥皮肤接触到泰拉霉素时，可引起过敏反应。如果皮肤意外接触到本品，请立即用肥皂和水冲洗。用后请洗手。应放在远离儿童的地方。 ⑦休药期：牛49日；猪33日

续表

药物名称	制剂、规格	适应证、用法及用量	作用特点、注意事项
泰地罗新 Tildipirosin	**泰地罗新注射液** 按$C_{41}H_{71}N_3O_8$计 （1）50ml：2g （2）100ml：4g	用于治疗和控制敏感的胸膜肺炎放线杆菌、多杀性巴氏杆菌和副猪嗜血杆菌等细菌引起的猪呼吸系统疾病。 **肌内注射：**一次量，每1kg体重，猪4mg，仅用1次	①禁用于对大环内酯类抗生素或其辅料过敏的动物。禁止静脉注射。 ②禁与其他大环内酯类、林可酰胺类或链阳霉素类抗生素同时使用。 ③对于妊娠期和泌乳期的动物，应在兽医指导下使用。 ④每个注射部位的给药体积不超过5ml。 ⑤泰地罗新可能会引起皮肤过敏，如不慎接触，应立即用肥皂和清水清洗。如眼睛不慎接触，应立即用清水冲洗。 ⑥应避免出现自我注射的情况。一旦发生，立即就医并向医生提供产品说明书。 ⑦给药后洗手。 ⑧置于儿童不可触及处。 ⑨休药期：猪11日
加米霉素 Gamithromycin	**加米霉素注射液**	用于治疗敏感的溶血性曼氏杆	①禁用于对大环内酯类抗生素过敏

药物名称	制剂、规格	适应证、用法及用量	作用特点、注意事项
	（1）50ml：7.5g （2）100ml：15g	菌、多杀性巴氏杆菌和支原体等引起的牛呼吸道疾病；胸膜肺炎放线杆菌、多杀性巴氏杆菌和副猪嗜血杆菌等引起的猪呼吸道疾病。 **皮下注射：**一次量，每1kg体重，牛6mg（相当于每25kg体重注射1ml）。每个注射部位的给药体积不超过10ml。 **肌内注射：**一次量，每1kg体重，猪6mg（相当于每25kg体重注射1ml），每个注射部位的给药体积不超过5ml	的动物。 ②禁与其他大环内酯类或林可酰胺类抗生素同时使用。 ③禁用于泌乳期奶牛。 ④禁用于预产期在2个月内的怀孕母牛。 ⑤本品对怀孕的母猪未进行安全性评估，请根据兽医师的风险评估使用。 ⑥加米霉素可能对眼睛和/或皮肤有刺激性，应避免接触皮肤和/或眼睛。如不慎接触，应立即用水清洗。 ⑦不慎注射入人体，需立即就医，并向医生提供本品标签或说明书。 ⑧用后需洗手。置于儿童不可触及处。 ⑨休药期：牛64日，猪27日（国内产品）。牛64日，猪16日（进口产品）

续表

药物名称	制剂、规格	适应证、用法及用量	作用特点、注意事项
多杀霉素 Spinosad	多杀霉素咀嚼片 犬： （1）140mg （2）270mg （3）560mg （4）810mg （5）1620mg 猫： （1）140mg （2）270mg （3）560mg	用于预防和治疗犬和猫的跳蚤（猫栉首蚤）感染。 以多杀霉素计 犬：**内服**，一次量（推荐的最低剂量），每1kg体重30mg，每月1次。可在任何时间开始给药，最好在跳蚤流行前的一个月开始给药，之后连续每月给药1次，直至跳蚤流行季节结束。在跳蚤常年滋生的地方，应持续每月给药。 猫：**内服**，一次量（推荐的最低剂量），每1kg体重50mg，每月1次。可在任何时间开始给药，最好在跳蚤流行前的一个月开始给药，	①建议用于14周龄以上或体重超过2.3kg的犬。 ②14周龄以下猫的用药安全尚未评估，建议用于14周龄以上或体重超过1.9kg的猫。 ③妊娠和泌乳犬以及有癫痫史的犬慎用。 ④种公猫、妊娠和泌乳猫及种公犬的用药安全尚未评估。 ⑤如果两次给药间隔超过一个月，需按最近一次给药时间重新计算周期。 ⑥给药时同时喂食不影响疗效。犬/猫可自行咀嚼或整片吞服后喂食，或将药物拌入食物中诱犬/猫食入均可。如果给药后1小时内发生呕吐，确认药物吐出，建议按照推荐剂量再次给药，建议与食物同

续表

药物名称	制剂、规格	适应证、用法及用量	作用特点、注意事项
		之后连续每月给药1次，直至跳蚤流行季节结束。在跳蚤常年滋生的地方，应持续每月给药	食。 ⑦置于儿童不可触及处

1.8 截短侧耳素类抗生素

药物名称	制剂、规格	适应证、用法及用量	作用特点、注意事项
泰妙菌素 Tiamulin （泰妙灵、支原净）	延胡索酸泰妙菌素可溶性粉 （1）5% （2）10% （3）45% 延胡索酸泰妙菌素预混剂 （1）10% （2）80%	用于革兰氏阳性菌（金黄色葡萄球菌、链球菌）、支原体（鸡败血支原体、猪肺炎支原体）、胸膜肺炎放线杆菌和密螺旋体病等引起的畜禽感染。如猪支原体肺炎、猪放线杆菌胸膜肺炎、猪痢疾（赤痢）。 **混饮：**以延胡索酸泰妙菌素计，每1L水，猪45~60mg，连	①禁止与莫能菌素、盐霉素、甲基盐霉素等聚醚类抗生素合用。 ②用者避免药物与眼及皮肤接触。 ③环境温度高于40℃含药饲料贮存期不得超过7日 ④休药期：猪7日，鸡5日（可溶性粉）。猪7日（预混剂）

续表

药物名称	制剂、规格	适应证、用法及用量	作用特点、注意事项
		用5日；鸡125~250mg,连用3日。 **混饲：**以延胡索酸泰妙菌素计，每1000kg饲料，猪40~100g，连用5~10日	
沃尼妙林 Valnemulin	**盐酸沃尼妙林预混剂** （1）10% （2）50%	用于预防和治疗支原体（猪肺炎支原体）等引起的猪感染。如猪支原体肺炎。 **混饲:**每1000kg饲料，预防和治疗猪由肺炎支原体引起的支原体肺炎200g，连用21日	①在猪使用沃尼妙林期间或用药前后5天内，禁止与盐霉素、莫能菌素和甲基盐霉素等离子载体类药物合用。 ②在混合沃尼妙林预混剂和接触含沃尼妙林的饲料时，应该避免直接接触皮肤和黏膜。 ③产品开封后请注意密封保存。 ④凭兽医处方使用。 ⑤休药期：猪2日

1.9 林可胺类抗生素

林可胺类的共性包括：具有高脂溶性的碱性化合物，能够从肠道很好吸收，在动物体内分布广泛，对细胞屏障穿透力强，有共同的药动学特征。它们的作用部位都是细菌核糖体上的 50S 亚基，由于存在竞争作用位点，合用时可能产生拮抗作用。本类抗生素对革兰氏阳性菌和支原体有较强抗菌活性，对厌氧菌也有一定作用，但对大多数需氧革兰氏阴性菌不敏感。

药物名称	制剂、规格	适应证、用法及用量	作用特点、注意事项
林可霉素 Lincomycin（洁霉素）	**盐酸林可霉素片** 按 $C_{18}H_{34}N_2O_6S$ 计算 （1）0.25g （2）0.5g **盐酸林可霉素注射液** 按 $C_{18}H_{34}N_2O_6S$ 计算 （1）2ml：0.12g （2）2ml：0.2g （3）2ml：0.3g （4）2ml：0.6g （5）5ml：0.3g （6）5ml：0.5g （7）10ml：0.3g （8）10ml：	用于革兰氏阳性菌（金黄色葡萄球菌、链球菌、肺炎球菌）猪密螺旋体病和支原体等引起的畜禽感染。如猪、鸡的金黄色葡萄球菌、链球菌感染以及支原体病。与大观霉素合用可扩大抗菌谱，防治猪赤痢、沙门氏菌病、大肠杆菌性肠炎。 **内服**：一次量，每 1kg 体重，猪 10~15mg；犬、猫 15~25mg。一日 1~2 次，连用 3~5 日。或遵医嘱。 **肌内注射**：以	①猪用药后可能出现胃肠道功能紊乱。 ②肌内注射给药可能会引起一过性腹泻或排软便。虽然极少见，但是如出现应采取必要的措施以防脱水。 ③产蛋供人食用的鸡，在产蛋期不得使用。 ④对本品过敏或已感染念珠菌的动物禁用。 ⑤乳房灌注时，务必将奶挤干净，对于化脓性炎症可用乳导管排出脓汁等炎症分泌物，以保证药物疗效。注药时务必将注射器头部完全送入乳池。 ⑥混饲时，哺乳期母畜用药后因药

续表

药物名称	制剂、规格	适应证、用法及用量	作用特点、注意事项
	0.6g （9）10ml：1g （10）10ml：1.5g （11）10ml：3g （12）10ml：30g **盐酸林可霉素可溶性粉** （1）5% （2）10% （3）40% （4）80% **盐酸林可霉素乳房注入剂（泌乳期）** 按 $C_{18}H_{34}N_2O_6S$ 计算 7.0g：0.35g **盐酸林可霉素预混剂** （1）4.4% （2）11% （3）60%	林可霉素计，一次量，每1kg体重，猪0.01g，一日1次；犬、猫0.01g，一日2次，连用3~5日。 **乳管内灌注：** 挤奶后每个乳区1支。一日2次，连用2~3次。 **混饮：** 以林可霉素计，每1L水，猪0.04~0.07g，连用7日；鸡0.15g，连用5~10日。 **混饲：** 以林可霉素计，每1000kg饲料，猪44~77g。连用1~3周	物能进入乳汁，可能会引起哺乳仔畜腹泻。 ⑦休药期：猪6日（片剂）；猪2日（注射液）；猪、鸡5日（可溶性粉）；弃奶期7日（乳房注入剂）；猪5日（预混剂）
吡利霉素 Pirlimycin	**盐酸吡利霉素乳房注入剂**	用于革兰氏阳性菌（葡萄球菌、	①仅用于乳房内注入，应注意无菌

药物名称	制剂、规格	适应证、用法及用量	作用特点、注意事项
	（泌乳期） 按 $C_{17}H_{31}ClN_2O_5S$ 计算 （1）10ml：50mg （2）40ml：0.2g	链球菌）等引起的奶牛感染。如奶牛泌乳期临床或亚临床乳腺炎。 **乳管注入：**泌乳期奶牛，每乳室10ml。一日1次，连用2日，视病情需要，可适当增加给药剂量和延长用药时间	操作。 ②给药前，用含有适宜乳房消毒剂的温水充分洗净乳头，待完全干燥后将乳房内的奶全部挤出，再用酒精等适宜消毒剂对每个乳头擦拭灭菌后方可给药。 ③本品弃奶期系根据常规给药剂量和给药时间制定，如确因病情所需而增加给药剂量或延长用药时间，则应执行最长弃奶期。 ④尚缺乏本品在奶牛体内残留消除数据，给药期间和最长休药期之前动物不能食用。 ⑤休药期：弃奶期72小时

1.10 氨基糖苷类抗生素

氨基糖苷类（aminoglycosides）曾称氨基糖苷类，是由链霉菌或小单孢菌产生或经半合成制得的一类水溶性的碱性抗生素。由链霉菌（Streptomyces）产生的有链霉素、新霉素和卡那霉素等，由小单胞菌（*Micromonospora*）产生的有庆大霉素、小诺霉素等，半合成品有阿米卡星等。兽医常用品种有链霉素、卡那霉素、庆大霉素、新霉素、大观霉素和安普霉素等。

本类药物有以下共同特征：①均为有机碱，能与酸形成盐，制剂常用硫酸盐，其水溶性好，性质稳定。②属杀菌性抗生素，对需氧革兰氏阴性杆菌作用强，对厌氧菌无效，对革兰氏阳性菌作用较弱，但金黄色葡萄球菌（包括耐药菌株）较敏感。③对革兰氏阴性杆菌和阳性球菌存在明显的抗生素后效应（postantibiotic effect，PAE）。④内服极少吸收，几乎完全从粪便排出，可作为肠道感染用药。注射给药吸收迅速而完全，主要分布于细胞外液。

氨基糖苷类的主要作用是抑制细菌蛋白质的合成过程，可使细菌胞膜的通透性增强，使胞内物质外渗导致细菌死亡。本类药物对静止期细菌杀灭作用强，为静止期杀菌药。

细菌对本类药物耐药主要通过质粒介导产生的钝化酶引起。细菌可产生多种钝化酶，一种药物能被一种或多种酶所钝化，几种药物也能被同一种酶所钝化。因此氨基糖苷类的不同品种间存在着不完全的交叉耐药性。

氨基糖苷类药物的毒副作用主要有：①肾毒性。主要损害近曲小管上皮细胞，出现蛋白尿、血尿，严重时出现肾功能减退，庆大霉素的发生率较高。为避免药物蓄积，损害肾小管，应给患畜足量饮水。②耳毒性。主要为前庭功能失调及耳蜗神经损害。猫对氨基糖苷类的前庭效应极为敏感。孕畜注射本类药物可能引起新生畜的听觉受损或产生肾毒性。对某些需有敏锐听觉的犬应慎用。③神经肌肉阻滞。主要为心肌抑制和呼吸衰竭，新霉素、链霉素和卡那霉素较常发生。可静脉注射新斯的明和钙剂对抗。④内服可能损害肠壁绒毛而影响肠道对脂肪、蛋白质、糖、铁等的吸收，也可引起肠道菌群失调，发生厌氧菌或真菌等二重感染。

药物名称	制剂、规格	适应证、用法及用量	作用特点、注意事项
链霉素 Streptomycin	**注射用硫酸链霉素** （1）0.75g（75万单位） （2）1g（100万单位） （3）2g（200万单位） （4）4g（400万单位） （5）5g（500万单位） **硫酸双氢链霉素注射液** （1）2ml：0.5g（50万单位） （2）5ml：1.25g（125万单位） （3）10ml：2.5g（250万单位） （4）5ml：1g（100万单位）	用于革兰氏阴性菌（大肠杆菌、沙门菌、布鲁菌、巴氏杆菌、变形杆菌、痢疾杆菌、鼠疫杆菌、产气荚膜梭菌、鼻疽杆菌）和结核杆菌等引起的畜禽感染。如家畜的呼吸道感染（肺炎、支气管炎）、泌尿道感染、牛放线菌病、钩端螺旋体病、细菌性胃肠炎、乳腺炎及家禽的呼吸系统病（传染性鼻炎等）和细菌性肠炎等。 **肌内注射：**以链霉素计，一次量，每1kg体重，家畜10~15mg。一日2次，连用2~3日。 **肌内注射：**以硫酸双氢链霉素计，一次量，每1kg体重，家畜10mg，一日2次	①与其他氨基糖苷类有交叉过敏现象，对氨基糖苷类过敏的患畜禁用。 ②患畜出现脱水（可致血药浓度增高）或肾功能损害时慎用。 ③治疗泌尿道感染时，肉食动物和杂食动物可同时内服碳酸氢钠使尿液呈碱性，以增强药效。 ④ Ca^{2+}、Mg^{2+}、Na^+、NH_4^+ 和 K^+ 等阳离子可抑制本品抗菌活性。 ⑤与头孢菌素、右旋糖酐、强效利尿药（如呋塞米等）、红霉素等合用，可增强本品耳毒性。 ⑥骨骼肌松弛药（如氯化琥珀胆碱）或具有此种作用的药物可加强本类药物的神经肌肉阻滞作用。 ⑦休药期：牛、羊、猪18日；弃奶期72小时

续表

药物名称	制剂、规格	适应证、用法及用量	作用特点、注意事项
庆大霉素 Gentamicin	**硫酸庆大霉素注射液** （1）2ml：0.08g（8万单位） （2）5ml：0.2g（20万单位） （3）10ml：0.2g（20万单位） （4）10ml：0.4g（40万单位） **硫酸庆大霉素可溶性粉** 100g：5g（500万单位）	用于多种革兰氏阴性菌（如大肠杆菌、克雷伯氏菌、变形杆菌、铜绿假单胞菌、巴氏杆菌、沙门菌等）、革兰氏阳性菌（金黄色葡萄球菌，包括产β－内酰胺酶菌株）和支原体等引起的畜禽感染。如呼吸道、肠道、泌尿道感染和败血症、鸡传染性鼻炎。内服还可用于肠炎和细菌性腹泻。 **肌内注射：**以庆大霉素计，一次量，每1kg体重，家畜2~4mg；犬、猫3~5mg。一日2次，连用2~3日。 **混饮：**每1L水，鸡100mg。连用3~5日	①与其他β－内酰胺类抗生素联合治疗严重感染，但在体外混合存在配伍禁忌。 ②与青霉素联合，对链球菌具协同作用。 ③有呼吸抑制作用，不宜静脉推注。 ④与四环素、红霉素等合用可能出现拮抗作用。 ⑤与头孢菌素合用可能使肾毒性增强。 ⑥产蛋供人食用的鸡，在产蛋期不得使用。 ⑦休药期：牛、羊、猪40日（注射液）。鸡28日（可溶性粉）
卡那霉素	**硫酸卡那霉素**	用于多数革兰	①与其他氨基糖

药物名称	制剂、规格	适应证、用法及用量	作用特点、注意事项
Kanamycin	**注射液** 按$C_{18}H_{36}N_4O_{11}$计算 （1）2ml：0.5g(50万单位) （2）5ml：0.5g(50万单位) （3）10ml：0.5g(50万单位) （4）10ml：1g(100万单位) （5）10ml：10g（1000万单位） **注射用硫酸卡那霉素** 按$C_{18}H_{36}N_4O_{11}$计算 （1）0.5g（50万单位） （2）1g(100万单位) （3）2g(200万单位) **单硫酸卡那霉素可溶性粉** 100g：12g（1200万单位）	氏阴性菌（大肠杆菌、变形杆菌、沙门菌和巴氏杆菌等）、分枝杆菌和部分革兰氏阳性菌（耐青霉素金黄色葡萄球菌）等引起的畜禽感染。如呼吸道、肠道和泌尿道感染、乳腺炎、禽霍乱和雏鸡白痢、猪气喘病、萎缩性鼻炎。 **肌内注射**：以卡那霉素计，一次量，每1kg体重，家畜10~15mg。一日2次，连用2~3日。 **混饮**：每1L水，鸡60~120mg。连用3~5日	苷类有交叉过敏现象，对氨基糖苷类过敏患畜禁用。 ②患畜出现脱水或肾功能损害时慎用。导盲犬、牧羊犬和为听觉缺陷者服务的犬慎用。 ③治疗泌尿道感染时，同时内服碳酸氢钠可增强药效。 ④Ca^{2+}、Mg^{2+}、Na^+、NH_4^+和K^+等阳离子可抑制本品抗菌活性。 ⑤与头孢菌素、右旋糖酐、强效利尿药、红霉素等合用，可增强本品的耳毒性。 ⑥急性中毒时可用新斯的明等抗胆碱酯酶药、钙制剂（葡萄糖酸钙）拮抗其肌肉传导阻滞作用。 ⑦休药期：牛、羊、猪28日；弃奶期7日（注射用、注射液）。鸡28日；弃蛋期7日(可溶性粉)

续表

药物名称	制剂、规格	适应证、用法及用量	作用特点、注意事项
新霉素 Neomycin	**硫酸新霉素片** （1）0.1g（10万单位） （2）0.25g（25万单位） **硫酸新霉素可溶性粉** （1）100g：3.25g（325万单位） （2）100g：5g(500万单位) （3）100g：6.5g（650万单位） （4）100g：20g（2000万单位） （5）100g：32.5g（3250万单位） **硫酸新霉素滴眼液** 8ml：40mg（4万单位） **硫酸新霉素溶液** 100ml：20g（2000万单位）	用于革兰氏阴性菌（大肠杆菌、沙门菌、布鲁菌、巴氏杆菌、变形杆菌、气单胞菌、爱德华菌、弧菌）等引起的畜禽、水产动物感染。如肠道菌感染及创伤感染等。 **内服**：以新霉素计，一次量，每1kg体重，犬、猫10~20mg。一日2次，连用3~5日。 **混饮**：以新霉素计，每1L水，禽50~75mg。连用3~5日。 **拌饵投喂**：每1kg体重，鱼、虾、河蟹5mg。一日1次，连用4~6日。 **滴眼、局部涂擦**：适量	①可影响维生素A、维生素B_{12}或洋地黄类药物的吸收。 ②产蛋供人食用的鸡，在产蛋期不得使用。 ③肠道外给药毒性强，常量内服给药很少出现毒性效应。 ④对本品过敏者禁用。 ⑤局部应用可引起过敏反应。对铜绿假单胞菌无效。 ⑥休药期：鸡5日，火鸡14日（可溶性粉）。鸡5日(溶液）。500度·日(水产用）

续表

药物名称	制剂、规格	适应证、用法及用量	作用特点、注意事项
	硫酸新霉素粉（水产用） （1）100g：5g(500万单位) （2）100g：50g（5000 万单位） **硫酸新霉素软膏** 0.5%		
大观霉素 Spectinomycin	**盐酸大观霉素可溶性粉** 按$C_{14}H_{24}N_2O_7$计算 （1）5g：2.5g（250 万单位） （2）50g：25g（2500 万单位） （3）100g：50g（5000 万单位） **盐酸大观霉素注射液(犬用)** 按$C_{14}H_{24}N_2O_7$计算 （1）2ml：0.1g(10万单位)	用于革兰氏阴性菌（大肠杆菌、沙门菌、志贺杆菌、变形杆菌）、革兰氏阳性菌（A群链球菌、肺炎球菌、表皮葡萄球菌）和某些支原体等引起的畜禽感染。如仔猪大肠杆菌病（白痢）、鸡慢性呼吸道病和传染性滑液囊炎、火鸡气囊炎。与林可霉素联合用于防治仔猪腹泻、猪的支原体性肺炎、败血支	①产蛋供人食用的鸡，在产蛋期不得使用。 ②盐酸大观霉素-盐酸林可霉素可溶性粉仅用于5~7日龄雏鸡。 ③对氨基糖苷类过敏的患畜禁用。 ④剂量过大易引起神经肌肉阻断等急性毒性作用，并引起肾脏、听神经损害。 ⑤休药期：禽5日（可溶性粉），猪5日（预混剂）

续表

药物名称	制剂、规格	适应证、用法及用量	作用特点、注意事项
	（2）5ml：0.25g（25 万单位） （3）10ml：0.5g（50万单位） **盐酸大观霉素－盐酸林可霉素可溶性粉** （1）5g：大观霉素 2g（200万单位）+ 林可霉素 1g（按 $C_{18}H_{34}N_2O_6S$ 计算） （2）50g：大观霉素 20g（2000 万单位）+ 林可霉素 10g（按 $C_{18}H_{34}N_2O_6S$ 计算） （3）100g：大观霉素10g（1000万单位）+ 林可霉素 5g（按 $C_{18}H_{34}N_2O_6S$ 计算） （4）100g：大观霉素 40g（4000 万单位）+ 林可霉素 20g（按	原体引起的鸡慢性呼吸道病和火鸡支原体感染。 **混饮**（盐酸大观霉素可溶性粉）：每 1L 水，鸡 1~2g，连用 3~5 日。 **肌内注射**：一次量，每 1kg 体重，犬 10~15mg。一日 2 次，连用 3 日。 **混饮**（盐酸大观霉素－盐酸林可霉素可溶性粉）：以大观霉素计，每 1L 水，5~7 日龄雏鸡 0.2~0.32g，连用 3~5 日。 **混饲**：每 1000kg 饲料，猪 1kg（规格：100g ：林可霉素 2.2g+ 大观霉素 2.2g）或 0.1kg（规格：100g ：林可霉素 22g+ 大观霉素 22g+ 大观霉	

药物名称	制剂、规格	适应证、用法及用量	作用特点、注意事项
	$C_{18}H_{34}N_2O_6S$ 计算） **盐酸林可霉素－硫酸大观霉素预混剂** （1）100g：林可霉素 2.2g+ 大观霉素 2.2g（220 万单位） （2）100g：林可霉素 22g+ 大观霉素 22g（2200 万单位） **盐酸林可霉素－硫酸大观霉素可溶性粉** 150g：林可霉素 33.3g+ 大观霉素 66.7g（6670 万单位）	素 22g），连用 1~3 周。 混饮（盐酸林可霉素－硫酸大观霉素可溶性粉）：禽 1 日龄~4 周龄，每 1kg 体重 150mg；4 周龄以上每 1kg 体重 75mg（以本品计）。连用 7 日	
安普霉素 Apramycin	**硫酸安普霉素可溶性粉** （1）100g：10g（1000 万单位） （2）100g：40g（4000 万	用于革兰阴性菌（大肠杆菌、沙门菌、假单胞菌、克雷伯菌、变形杆菌、巴氏杆菌）、猪痢疾密螺旋体、支气	①产蛋供人食用的鸡，在产蛋期不得使用。 ②遇铁锈易失效，混饲器械要注意防锈，也不宜与微量元素制剂混合使用。

续表

药物名称	制剂、规格	适应证、用法及用量	作用特点、注意事项
	单位） （3）100g：40g（4000 万单位） （4）100g：50g（5000 万单位） **硫酸安普霉素预混剂** （1）100g：3g（300 万单位） （2）1000g：165g（16500 万单位） **硫酸安普霉素注射液** （1）5ml：0.5g（50 万单位） （2）10ml：1g（100 万单位） （3）20ml：2g（200 万单位）	管炎博代菌、支原体等引起的畜禽感染。如畜禽的肠道感染、支原体病、猪的密螺旋体性痢疾。 **混饮：**以安普霉素计，每1L水，鸡250~500mg，连用5日；每1kg体重，猪12.5mg，连用7日。 **混饲：**以安普霉素计，每1000kg饲料，猪80~100g，连用7日。 **肌内注射：**每1kg体重，猪20mg。一日1次	③饮水给药必须当天配制。 ④长期或大量应用可引起肾毒性。 ⑤休药期：猪21日，鸡7日（可溶性粉）。猪21日（预混剂）。猪28日（注射液）
阿米卡星 Amikacin	**硫酸阿米卡星注射液** 按 $C_{22}H_{43}N_5O_{13}$ 计算 （1）1ml：50mg（5万单位）	用于犬由大肠杆菌、变形杆菌敏感菌引起的泌尿生殖道感染（膀胱炎）和由假单胞菌、大	①禁用于患有严重的肾损伤的犬。 ②未进行繁殖试验，繁殖期的犬禁用。 ③慎用于需敏锐听觉的特种犬

续表

药物名称	制剂、规格	适应证、用法及用量	作用特点、注意事项
	（2）2ml：0.1g（10 万单位）	肠杆菌敏感菌引起的皮肤和软组织感染。 皮下、肌内注射：每 1kg 体重，犬 11mg。每日 2 次	

1.11 四环素类抗生素

兽医临床上常用的有四环素、土霉素、金霉素和多西环素等。抗菌活性强弱依次为多西环素 > 金霉素 > 四环素 > 土霉素。本类药物属快效抑菌剂。

药物名称	制剂、规格	适应证、用法及用量	作用特点、注意事项
土霉素 Oxytetracycline（氧四环素）	**土霉素片** 按 $C_{22}H_{24}N_2O_9$ 计算 （1）50mg （2）0.125g （3）0.25g **土霉素注射液** （1）1ml：0.1g(10万单位) （2）5ml：0.5g(50万单位) （3）1ml：1g(100万单位) （4）1ml：0.2g(20万单位)	用于革兰氏阳性菌（葡萄球菌、溶血性链球菌、炭疽杆菌和梭菌）、革兰氏阴性菌（大肠杆菌、产气荚膜梭菌、布鲁氏菌和巴氏杆菌）、立克次体、衣原体、支原体、螺旋体、放线菌和某些原虫等引起的畜禽感染。如犊牛白痢、羔羊痢疾、仔猪黄	①肝、肾功能严重不良的患病动物禁用本品。 ②怀孕动物、哺乳动物和幼龄动物禁用。 ③成年反刍动物、马属动物不宜内服。长期服用可诱发二重感染。马有时在注射后也可发生胃肠炎，宜慎用。 ④避免与乳制品和含钙、镁、铝、铁等药物及含钙量较高的饲料同服。

续表

药物名称	制剂、规格	适应证、用法及用量	作用特点、注意事项
	（5）10ml：2g（200万单位） （6）50ml：10g（1000万单位） （7）10ml：0.5g（50万单位） （8）20ml：1g（100万单位） （9）50ml：2.5g（250万单位） （10）10ml：3g（300万单位） （11）50ml：15g （12）100ml：20g （13）100ml：30g （14）250ml：50g （15）500ml：100g **盐酸土霉素注射液** 100ml：10g **注射用盐酸土霉素**	痢和白痢、雏鸡白痢、牛出血性败血症、猪肺疫、禽霍乱、牛肺炎、猪气喘病、鸡慢性呼吸道病、子宫内膜炎、泰勒虫病、放线菌病、钩端螺旋体病等。 **内服**：以土霉素计，一次量，每1kg体重，猪、驹、犊、羔10~25mg；犬15~50mg；禽25~50mg。一日2~3次，连用3~5日。 **肌内或皮下注射**：一次量，每1kg体重，家畜10~20mg。 **肌内注射**：一次量,每1kg体重,猪10~20mg。必要时78小时重复给药1次。	⑤休药期：牛、羊、猪7日，禽5日；弃蛋期2日；弃奶期72小时（土霉素片）。牛、羊、猪28日；弃奶期7日（土霉素注射液）。猪28日（盐酸土霉素注射液）。牛、羊、猪8日；弃奶期48小时（注射用盐酸土霉素）

药物名称	制剂、规格	适应证、用法及用量	作用特点、注意事项
	按 $C_{22}H_{24}N_2O_9$ 计算 （1）0.2g （2）1g （3）2g （4）3g	**静脉注射**（注射用盐酸土霉素）：以土霉素计，一次量，每1kg体重，家畜5~10mg。一日2次，连用2~3日	
四环素 Tetracycline	**注射用盐酸四环素** （1）0.25g （2）0.5g （3）1g （4）2g （5）3g **四环素片** （1）50mg（5万单位） （2）0.125g（12.5万单位） （3）0.25g（25万单位）	用于革兰氏阳性菌（葡萄球菌、溶血性链球菌、炭疽杆菌和梭菌）、革兰氏阴性菌（大肠杆菌、沙门菌、布鲁氏菌和巴氏杆菌）、支原体、立克次体、衣原体、螺旋体、放线菌和某些原虫等引起的畜禽感染。 **静脉注射**：一次量，每1kg体重，家畜5~10mg。一日2次，连用2~3日。 **内服**：一次量，每1kg体重，家畜10~20mg（1万~2万单位）。一日2~3次	①易透过胎盘和进入乳汁，孕畜、哺乳畜禁用，泌乳牛、羊禁用，产蛋期禁用。 ②肝肾功能严重不良的患畜忌用本品。 ③马注射后可发生胃肠炎，慎用。 ④成年反刍兽、马属动物和兔不宜内服。 ⑤休药期：牛、羊、猪8日，弃奶期48小时（注射用）；弃奶期7日。牛12日、猪10日、鸡4日（片剂）

续表

药物名称	制剂、规格	适应证、用法及用量	作用特点、注意事项
多西环素 Doxycycline （脱氧土霉素、强力霉素）	**盐酸多西环素片** 按 $C_{22}H_{24}N_2O_8$ 计算 （1）10mg （2）25mg （3）50mg （4）0.1g **盐酸多西环素可溶性粉** （1）5% （2）10% （3）20% （4）50% **盐酸多西环素注射液（Ⅲ）** 按 $C_{22}H_{24}N_2O_8$ 计算 （1）2ml：50mg （2）5ml：0.125g （3）10ml：0.25g **盐酸多西环素注射液（Ⅳ）** 按 $C_{22}H_{24}N_2O_8$ 计算 10ml：0.5g	用于革兰氏阳性菌（葡萄球菌、溶血性链球菌、炭疽杆菌和梭菌）、革兰氏阴性菌（大肠杆菌、沙门菌、布鲁氏菌和巴氏杆菌）、支原体、立克次体、衣原体、螺旋体、放线菌和某些原虫等引起的畜禽感染。如畜禽的支原体病、大肠杆菌病、沙门菌病、巴氏杆菌病和鹦鹉热等。 **内服：**以多西环素计，一次量，每1kg体重，猪、驹、犊、羔3~5mg，犬、猫5~10mg，禽15~25mg。每日1次，连用3~5d。 **混饮：**每1L水，猪25~50mg；鸡300mg。连用3~5日。	①蛋鸡产蛋期、孕畜、哺乳畜、泌乳期奶牛禁用。 ②肝、肾功能严重不良的患病动物禁用本品。 ③成年反刍动物、马属动物和兔不宜内服。 ④避免与乳制品和含钙量较高的饲料同服。 ⑤均匀拌饵投喂。 ⑥长期饮用可引起二重感染和肝脏损害。 ⑦休药期：牛、禽28日，羊4日，猪7日（片）。28日（可溶性粉）。鱼750度·日

药物名称	制剂、规格	适应证、用法及用量	作用特点、注意事项
	盐酸多西环素粉（水产用） 100g ∶ 2g（200 万单位）	肌内注射：一次量，每 1kg 体重，猪 5~10mg。一日 1 次，连用 2~3 日。 拌饵投喂：一次量，每 1kg 体重，鱼 20mg。每日 1 次，连用 3~5 日	
金霉素 Chlortetracy-cline	金霉素预混剂 按金霉素计算 （1）1000g：100g （1亿单位） （2）1000g ：150g （1.5亿单位） （3）1000g：200g （2亿单位） （4）1000g：250g （2.5亿单位） （5）1000g：300g （3亿单位） 盐酸金霉素可溶性粉 20%	用于革兰氏阳性菌（葡萄球菌、溶血性链球菌、炭疽杆菌和梭菌）、革兰氏阴性菌（大肠杆菌、沙门菌、布鲁氏菌和巴氏杆菌）、支原体等引起的畜禽感染。如断奶仔猪腹泻、猪气喘病、增生性肠炎等，鸡大肠杆菌病、支原体病等。 混饲：每1000kg 饲料，猪 400~600g（4 亿 ~6 亿单位）。连用7 日。 混饮：每 1L 水，鸡 200~400mg	①产蛋供人食用的鸡，在产蛋期不得使用。 ②不宜与青霉素类药物和含钙盐、铁盐及多价金属离子的药物或饲料以及碳酸氢钠合用；与强利尿药同用可使肾功能损害加重。 ③不宜与含氯量多的自来水或碱性溶液混合。 ④低钙日粮（0.4%~0.55%）中添加 100~200mg/kg 剂量金霉素时，连续用药不得超过5 日。 ⑤在猪丹毒疫苗接种前 2 日和接种后 10 日内，不得使用金霉素。

续表

药物名称	制剂、规格	适应证、用法及用量	作用特点、注意事项
			⑥休药期：猪7日（预混剂）。鸡7日（可溶性粉）

1.12 酰胺醇类

酰胺醇类（amphenicols）又称氯霉素类抗生素，包括氯霉素、甲砜霉素和氟苯尼考等，属广谱抗生素。氟苯尼考为动物专用抗生素。

本类药物不可逆地结合于细菌核糖体50S亚基的受体部位，阻断肽酰基转移，抑制肽链延伸，干扰蛋白质合成，而产生抗菌作用。本类药物属快效广谱抑菌剂，对革兰氏阴性菌的作用较革兰氏阳性菌强，对肠杆菌尤其伤寒和副伤寒杆菌高度敏感。高浓度时对本品高度敏感的细菌可呈杀菌作用。

我国已禁止氯霉素用于食品动物。甲砜霉素、氟苯尼考存在剂量相关的可逆性骨髓造血功能抑制作用。

细菌对本类药物能缓慢产生耐药性，主要是诱导产生乙酰转移酶，通过质粒传递而获得，某些细菌也能改变细菌细胞膜的通透性，使药物难于进入菌体。甲砜霉素和氟苯尼考之间存在完全交叉耐药。

药物名称	制剂、规格	适应证、用法及用量	作用特点、注意事项
氟苯尼考 Florfenicol（氟甲砜霉素）	氟苯尼考可溶性粉 5% 氟苯尼考注射	用于多数革兰氏阳性菌（链球菌、金黄色葡萄球菌）、革兰氏阴性菌（大肠杆	①产蛋供人食用的鸡，在产蛋期不得使用。 ②疫苗接种期间或免疫功能严重缺

续表

药物名称	制剂、规格	适应证、用法及用量	作用特点、注意事项
	液 （1）2ml：0.6g （2）5ml：0.25g （3）5ml：0.5g （4）5ml：0.75g （5）5ml：1g （6）5ml：1.5g （7）10ml：0.5g （8）10ml：1g （9）10ml：1.5g （10）10ml：2g （11）50ml：2.5g （12）100ml：5g （13）100ml：10g （14）100ml：30g 氟苯尼考粉 （1）2%	菌、沙门菌、巴氏杆菌、放线杆菌、克雷伯菌、嗜水气单胞菌）等引起的畜禽和鱼类的感染。如牛呼吸道感染、乳腺炎；猪传染性胸膜肺炎、黄痢、白痢；鸡大肠杆菌病、禽霍乱；鱼疖疮病等。 **混饮**：每1L水，鸡100~200mg，连用3~5日。 **肌内注射**：以氟苯尼考计，一次量，每1kg体重，鸡20mg；猪15~20mg；每隔48小时一次，连用2次。鱼0.5~1mg，一日1次。 **内服**：每1kg体重，猪、鸡20~30mg，一日2次，连用3~5日；鱼10~15mg，一日1次，连用3~5日。	损的动物禁用。 ③肾功能不全患畜要适当减量或延长给药间隔时间。 ④滴耳液对破损皮肤有轻度刺激作用。 ⑤怀孕母牛禁用子宫注入剂。 ⑥休药期：鸡5日（可溶性粉、溶液）；猪14日，鸡28日，鱼375度·日（注射液）；猪20日，鸡5日，鱼375度·日（粉）；牛28日，弃奶期7日（子宫注入剂）；猪14日（预混剂）

续表

药物名称	制剂、规格	适应证、用法及用量	作用特点、注意事项
	（2）5% （3）10% （4）20% 氟苯尼考子宫注入剂 25ml ∶ 2g 氟苯尼考预混剂 2% 氟苯尼考溶液 （1）5% （2）10% 氟苯尼考甲硝唑滴耳液 20ml ∶ 氟苯尼考 500mg+ 甲硝唑 60mg	子宫内灌注：一次量，牛 25ml（1 支），每 3 日 1 次，连用 2~4 次。 混饲：每1000kg 饲料，猪 20~40g，连用 7 日。 混饮：每 1L 水，鸡 100~150mg，连用 5 日（溶液）。 滴耳：一次 3~4 滴，一日 2 次，连用 5~7 日	
甲砜霉素 Thiamphenicol （甲砜氯霉素）	甲砜霉素片 （1）25mg （2）100mg 甲砜霉素粉 （1）5% （2）15% 甲砜霉素注射液 （1）5ml ∶	用于畜禽肠道、呼吸道等细菌性感染。如仔猪副伤寒、白痢、肺炎、大肠埃希菌病等。 内服：以甲砜霉素计，每 1kg 体重，畜、禽 5~10mg。一日 2 次，连用 2~3 日。	①产蛋供人食用的家禽，在产蛋期不得使用。 ②疫苗接种期间或免疫功能严重缺损的动物禁用。 ③妊娠期及哺乳期家畜慎用。 ④肾功能不全患畜要适当减量或延长给药间隔时间。

药物名称	制剂、规格	适应证、用法及用量	作用特点、注意事项
	0.25g （2）10ml：0.5g （3）10ml：1.0g	**内服**（甲砜霉素粉）：以甲砜霉素计,一次量,每1kg体重，畜禽5~10mg，一日2次，连用2~3日。拌饵投喂：每1kg体重，鱼16.7mg,一日1次,连用3~4日。 **肌内注射**：每1kg体重，猪5~10mg。一日1~2次，连用2~3日	⑤休药期：畜禽28日；弃奶期7日（片剂、粉剂），鱼500度·日（粉剂）

1.13 多肽类抗生素

多肽类抗生素是一类具有多肽结构的化学物质。兽医临床中常用的药物包括黏菌素等。

药物名称	制剂、规格	适应证、用法及用量	作用特点、注意事项
黏菌素 Colistin （多黏菌素E、抗敌素）	**硫酸黏菌素注射液** （1）2ml：50mg（150万单位） （2）2ml：0.1g（300万	用于治疗革兰氏阴性菌（大肠杆菌、沙门菌）等引起的畜禽肠道感染。如仔猪大肠杆菌病等。 **肌内注射**：一	①不能与碱性物质一起使用。 ②注射液毒性大，安全范围窄，严格按照推荐剂量使用。 ③产蛋供人食用

续表

药物名称	制剂、规格	适应证、用法及用量	作用特点、注意事项
	单位） （3）10ml：0.2g （600万单位） **硫酸黏菌素可溶性粉** （1）100g：2g(0.6亿单位) （2）100g：5g(1.5亿单位) （3）100g：10g （3亿单位） **硫酸黏菌素预混剂** （1）100g：2g(0.6亿单位) （2）100g：4g(1.2亿单位) （3）100g：5g(1.5亿单位) （4）100g：10g(3亿单位) （5）100g：20g(6亿单位) **硫酸黏菌素预混剂（发酵）** （1）100g：10g(3亿单位) （2）100g：20g(6亿单位)	次量，每1kg体重，哺乳期仔猪2~4mg。一日2次，连用3~5日。 **混饮**：以黏菌素计，每1L水，猪40~200mg，鸡20~60mg。 **混饲**：每1000kg饲料，牛、猪、鸡75~100g，连用3~5日	的鸡，在产蛋期不得使用。 ④超剂量使用可能引起肾功能损伤。 ⑤经口给药吸收极少，不宜用作全身感染性疾病的治疗。 ⑥休药期：猪28日（注射液），牛、猪、鸡7日（预混剂）。猪、鸡7日(可溶性粉)

1.14 多糖类及其他抗生素

药物名称	制剂、规格	适应证、用法及用量	作用特点、注意事项
阿维拉霉素 Avilamycin（卑霉素、阿美拉霉素）	**阿维拉霉素预混剂** 以阿维拉霉素计 （1）100∶10g （2）100∶20g	用于辅助控制由大肠杆菌引起的断奶仔猪腹泻。 **混饲**：每1000kg饲料，仔猪40~80g，连用28日	①勿让儿童接触。 ②搅拌配料时防止与人的皮肤、眼睛接触。 ③休药期：猪0日
利福昔明 Rifaximin	**利福昔明乳房注入剂（泌乳期）** 按$C_{43}H_{51}N_3O_{11}$计算 5g∶100mg **利福昔明乳房注入剂（干乳期）** 按$C_{43}H_{51}N_3O_{11}$计算 5g∶100mg **利福昔明子宫注入剂** 按$C_{43}H_{51}N_3O_{11}$计算 100ml∶0.2g	用于防治革兰氏阳性菌（金黄色葡萄球菌、链球菌）和革兰氏阴性菌（大肠杆菌）、敏感厌氧菌等引起的奶牛感染。如奶牛泌乳期、干乳期的乳腺炎以及奶牛子宫内膜炎。 **乳管注入**：泌乳期奶牛，挤奶后每个感染乳室1支。间隔12小时注入1次，连用3次。干乳期奶牛，每乳室1支。	①用于泌乳期、干乳期奶牛。 ②使用前将药液摇匀。 ③给药前用适宜的消毒剂充分清洗乳头及其边缘，排空受感染乳室中的乳汁。将注射器插管插入乳管，轻轻地持续推动注射器活塞并按摩乳房使本品在乳室内分散均匀。 ④使用泌乳期产品后，未对牛奶之外的可食性组织中兽药残留进行安全性考察，禁止食用。 ⑤使用后洗手。

续表

药物名称	制剂、规格	适应证、用法及用量	作用特点、注意事项
		子宫内灌注： 一次量，牛100ml，每3日1次，连用2次，严重者可给药3次。本品用前摇匀，使用一次性无菌输精管将药物注入子宫	注射、吸入、摄取或皮肤接触本品可能引起过敏反应。 ⑥子宫灌注前应进行直肠按摩清除恶露，阴道口及会阴部位应进行清洗消毒。 ⑦休药期：弃奶期96小时（泌乳期制剂）。产犊前60天给药，弃奶期0日（干乳期制剂）。弃奶期0日（子宫注入剂）
重组溶葡萄球菌酶 Recombinant Lysostaphin	**重组溶葡萄球菌酶粉** （1）400单位 （2）800单位	用于治疗革兰氏阳性菌（葡萄球菌、链球菌、化脓棒状杆菌、化脓隐秘杆菌）等引起的牛感染。如牛急、慢性子宫内膜炎，亚临床型乳腺炎和临床型乳腺炎。 **子宫内灌注：** 治疗子宫内膜炎，牛800~1200单位，用注射用水溶解并稀释至100~150ml后进	①本品用灭菌注射用水溶解，稀释后的药液一次用完。 ②子宫内注入给药前用生理盐水清洗牛尾根部、阴户四周。 ③乳房内注入给药前，应先将患病乳区的乳汁挤净，并用75%酒精消毒乳头。给药后对乳房进行按摩，使药液散开。 ④休药期：治疗子宫内膜炎，弃奶

续表

药物名称	制剂、规格	适应证、用法及用量	作用特点、注意事项
		行子宫内注入，隔日1次，连用3次。 **乳房内注入：** 治疗乳腺炎，奶牛每乳区400单位，用已加热到与体温相同温度的注射用水溶解并稀释至50~100ml后乳房内注入，每日早、晚挤奶后各用药1次，连用4日	期0日；治疗乳腺炎，弃奶期24小时

1.15 抗真菌药

真菌感染分为浅部真菌感染及深部真菌感染，发病率前者高于后者。浅部真菌病，即皮肤、毛发、甲癣菌感染，其治疗大多采用抗真菌药局部应用，如吡咯类中的克霉唑、咪康唑等均属此类，抗深部真菌感染药物中目前最有效者仍为两性霉素B，但其毒性大，限制了它的应用。近年来研制的抗真菌药有酮康唑、氟康唑等。

药物名称	制剂、规格	适应证、用法及用量	作用特点、注意事项
酮康唑 Ketoconazole	**复方酮康唑软膏** 15g：酮康唑 0.15g+ 甲硝唑 0.3g+ 薄荷脑 0.15g	用于防治皮肤真菌（小孢子菌、表皮癣菌和毛癣菌）等引起的全身及浅表皮肤感染。如皮肤真菌感染。 **外用：**涂搽于患处，犬、猫，一日 3~5 次，连用 5~7 日	①犬妊娠期禁用。 ②肝功能不全动物慎用。 ③本品请勿接触眼睛
氟康唑 Fluconazole	**复方氟康唑乳膏** 10g：氟康唑 0.16g+ 硫酸新霉素 3.5 万单位 + 曲安奈德 0.01g	用于治疗由真菌及细菌（念珠菌、孢子菌、毛癣菌、表皮癣菌、金黄色葡萄球菌、棒状杆菌）等引起的耳道感染。如犬的耳道感染。 **耳道外用：**直接滴入耳内，每日 2 次，每次 4~6 滴，连用 7 日	①使用前应检查耳道的完整性，不得长期大剂量使用。 ②妊娠动物请在兽医指导下使用
克霉唑 Clotrimazole	**复方克霉唑软膏** 7.5g：克霉唑 75mg+ 庆大霉素 22.5mg+ 倍他米松 7.5mg	用于治疗犬由真菌（皮屑芽胞菌）感染和对庆大霉素敏感的细菌感染引起的急性和慢性外耳炎	①禁用于中耳膜（鼓膜）穿孔的犬。 ②如果治疗期间出现听力或耳前庭功能障碍，应立即停止使用本品，并用对耳无毒性的溶

续表

药物名称	制剂、规格	适应证、用法及用量	作用特点、注意事项
			剂彻底冲洗耳道。 ③按推荐剂量使用，不得超过 7 日，超过 7 日可能导致伤口延迟愈合。 ④妊娠期的动物应在兽医指导下使用，糖皮质激素有致畸作用，且妊娠后 3 个月使用可诱发分娩，出现早产或难产、胎死宫内、胎盘滞留等

2 消毒防腐药

本类药物多按其化学结构和作用性质分类，可分为酚类、醛类、醇类、卤素类、季铵盐类（或表面活性剂）、过氧化物类、酸类、碱类和染料类等。

影响本类药物作用的因素：①病原微生物种类。不同种类和处于不同状态的病原微生物，对消毒防腐药的敏感性不同。②浓度和作用时间。当其他条件一致时，消毒防腐药的杀菌效力一般随其溶液浓度和作用时间的增加而增强。③温度。消毒防腐药的抗菌效果随着环境温度的升高而增强，即温度越高，杀菌力越强。④ pH 值。环境或组织的 pH 值对有些消毒防腐药作用的影响较大，如含氯消毒剂作用的最佳 pH 值为 5 ~ 6。⑤有机物的存在。环境中的粪、尿等或创伤部位的脓血、体液等有机物的存在，会影响消毒防腐药抗菌效力。⑥水质。硬水中的 Ca^{2+} 和 Mg^{2+} 可与季铵盐类、氯己定等结合，形成不溶性盐类，降低其抗菌效力。

2.1 酚类

药物名称	制剂、规格	适应证、用法及用量	作用特点、注意事项
苯酚 Phenol （石炭酸）	含 C_6H_6O 不得少于 99.0%	用于器械、器具等消毒。 **浸泡：** 配成 2%~5% 溶液	对皮肤与黏膜有腐蚀性，对动物和人有较强的毒性，不能用于创面和皮肤的消毒

药物名称	制剂、规格	适应证、用法及用量	作用特点、注意事项
复合酚 Compound Phenol	酚、醋酸、十二烷基苯磺酸等	用于畜舍及器具等的消毒。 **喷洒：**配成0.3%~1%的水溶液。 **浸涤：**配成1.6%的水溶液	对皮肤、黏膜有刺激性和腐蚀性，不能用于创面和皮肤的消毒
复方酚溶液 Compound Phenols solution	100g；邻苯基苯酚12g+对氯间甲酚12g	用于动物圈舍表面、器具、设备的消毒。 稀释后喷雾使用，每1平方米用量300ml。稀释比例：动物圈舍表面1∶200，器具设备1∶400。疾病发生时，禽流感和新城疫1∶200，猪蓝耳病1∶400，大肠杆菌1∶400，支原体1∶200	①本品不适用于奶牛场或牛奶生产/处理设备。 ②对皮肤、黏膜有刺激性和腐蚀性，避免接触眼睛及皮肤
甲酚 Cresol，Creslol（煤酚）	**甲酚皂溶液**，又名来苏儿（Lysol），每1000ml含甲酚520g(500ml)，植物油173g，氢氧化钠适量（约27g）和水适量	用于器械、厩舍和排泄物等消毒。 **喷洒或浸泡：**以甲酚计，配成5%~10%的水溶液	①甲酚有特臭，不宜在肉联厂、乳牛厩舍、乳品加工车间和食品加工厂等应用，以免影响食品质量。 ②对皮肤有刺激性，注意保护使用者的皮肤

续表

药物名称	制剂、规格	适应证、用法及用量	作用特点、注意事项
氯甲酚 Chlorocresol	氯甲酚溶液 含 C_7H_7ClO 应为 9.0~11.0g/100ml	消毒防腐药。用于畜、禽舍及环境消毒。 喷洒：33~100 倍稀释	①本品对皮肤及黏膜有刺激性。 ②现用现配，稀释后不宜久贮

2.2 醛类

药物名称	制剂、规格	适应证、用法及用量	作用特点、注意事项
甲醛 Formaldehyde	甲醛溶液 36.0%~38.0%（g/g） 甲醛溶液（蚕用） 复方甲醛溶液 1000ml：甲醛 84.4g+乙二醛 19.8g+戊二醛 58.0g+苯扎氯铵 61.5g	用于厩舍、器具消毒，也可用于蚕室、蚕具和卵面消毒。 熏蒸消毒：15ml/m³。 内服（甲醛溶液）：以本品计，一次量，牛 8~25ml；羊 1~3ml。内服时用水稀释 20~30 倍。 喷雾或浸渍消毒：蚕室蚕具消毒的使用浓度为 2%（也可混入	①消毒后在物体表面形成一层具腐蚀作用的薄膜。 ②动物误服甲醛溶液，应迅速灌服稀氨水解毒。 ③药液污染皮肤，应立即用肥皂和水清洗。 ④本品在使用过程中产生强烈的刺激性气味，注意防护。 ⑤放置过程中如有结晶析出，可温热溶解后使用

药物名称	制剂、规格	适应证、用法及用量	作用特点、注意事项
		0.5%新鲜石灰浆），喷雾消毒的使用量为180ml/m^2，25℃以上密闭保湿5小时以上。平框种卵面消毒的甲醛浓度为2%~4%，液温20℃，浸渍时间为40分钟。 彻底清洁消毒的物体表面，按下面方法使用：常规情况下，1：（200~400）倍稀释作厩舍的地板、墙壁及物品、运输工具等的消毒，发生疫病时1：（100~200）倍稀释消毒。喷洒厩舍的消毒，1：（200~400）倍稀释的CID-20消毒液1升可喷洒消毒3m^3。喷雾环境的消毒，1.5L CID-20消毒液与3L水混合后可喷雾消毒	

续表

药物名称	制剂、规格	适应证、用法及用量	作用特点、注意事项
		$1000m^3$。种蛋消毒1∶400倍稀释（复方甲醛溶液）	
聚甲醛 Polyoxymethylene	**聚甲醛烟熏剂**（蚕用） （1）1.25%（小蚕用） （2）2.5%（大蚕用）	用于蚕体蚕座消毒。 **撒粉消毒：**将本品均匀地撒于蚕体蚕座上，呈薄霜状即可。在收蚁蚕后、第一次给桑前及各龄期蚕各使用1次，多湿天气各龄期中增加1次，发现真菌病时每日使用1次。熟蚕上蔟前撒一次可防止僵蛹的发生。1~3龄用1.25%（小蚕用），4~5龄用2.5%（大蚕用）	①本品在使用过程中产生强烈的刺激性气味，注意防护。 ②使用时不宜喂饲湿叶，撒粉后用塑料薄膜等覆盖蚕座防止有效成分的逸散，提高防病效果。 ③小蚕用和大蚕用两种规格有效成分含量不同，注意区分使用。 ④不能与碱性消毒剂混合使用
多聚甲醛 Paraformaldehyde	**多聚甲醛粉**（蚕用） A袋：聚甲醛125g B袋：木屑375g	用于蚕室、蚕具消毒。 **熏烟：**密闭蚕室，每$1m^3$，A袋3.4g、B袋10.8g。将两者混匀后，在蚕室四角及中央各设	①本品易燃，远离火源。 ②本品A袋遇火起明火，使用时切勿点燃，B袋一般不起明火，如有明火必须吹灭起烟。 ③避免儿童接触

药物名称	制剂、规格	适应证、用法及用量	作用特点、注意事项
		一个发烟点，垫上砖块，平均放上药粉，点燃木屑发烟，关闭门窗5小时后开窗通气	
戊二醛 Glutaral，Glutaraldehyde	**戊二醛溶液** 按 $C_5H_8O_2$ 计算 (1) 12.8%(g/g) (2) 20%(g/g)	用于养殖场、公共场所、设备器械、运载工具及种蛋等的消毒。 **喷洒、擦洗或浸泡：**以 $C_5H_8O_2$ 计，环境或器具(械)消毒，配成0.1%~0.25%溶液，保持5分钟以上，晾干。孵化用种蛋消毒，配成0.1%~0.25%溶液，保持40~45℃，浸泡约10~15秒，晾干	①禁与阴离子表面活性剂及无机盐类消毒剂混合使用。 ②软体动物和鲑等冷水性鱼类慎用。 ③废弃包装应集中销毁。 ④避免与皮肤、黏膜接触，如接触后应及时用水冲洗干净。 ⑤使用过程中，可使用不锈钢类金属容器，尽量不使用其他金属容器
	戊二醛癸甲溴铵溶液 100ml：戊二醛5g+癸甲溴铵5g	**喷洒：**常规环境消毒，1：(2000~4000)稀释；疫病发生时环境消毒，1：(500~1000)。	

续表

药物名称	制剂、规格	适应证、用法及用量	作用特点、注意事项
		浸涤：器械、设备等消毒，1∶（1500~3000）	
	戊二醛苯扎溴铵溶液（水产用） 100g∶戊二醛 5g+ 苯扎溴铵 5g	用于水产动物、养殖器具的消毒。 药浴：每 $1m^3$ 水体，3g，10 分钟	
	戊二醛癸甲氯铵溶液 100g∶戊二醛 12.74g+ 癸甲氯铵 4.84g	临用前用水按一定比例稀释。喷洒、擦洗或浸泡；环境或器具（械）消毒 1∶（50~190）倍稀释，口蹄疫病毒 1∶80 倍稀释，猪水疱病病毒 1∶250 倍稀释，猪瘟病毒 1∶100 倍稀释，鸡新城疫病毒和禽流感病毒 1∶190 倍稀释，通用消毒 1∶35 倍稀释	
	复方戊二醛溶液 100ml∶戊二醛 15.0g+ 苯扎氯铵 10.0g	1∶150 倍稀释。 喷洒：每平方米 9ml。 涂刷：无孔材	

续表

药物名称	制剂、规格	适应证、用法及用量	作用特点、注意事项
		料表面，每平方米 100ml；有孔材料表面，每平方米 300ml。 **特定疾病的使用浓度：**禽流感/新城疫，1∶150倍稀释；传染性法氏囊病，1∶200倍稀释；口蹄疫，1∶80倍稀释；猪水疱病，1∶300倍稀释	

2.3 醇类

药物名称	制剂、规格	适应证、用法及用量	作用特点、注意事项
乙醇 Ethanol	含 C_2H_6O 不少于95.0%（体积分数）	常以75%的溶液用于皮肤消毒。 **手、皮肤、温度计、注射针头和小件医疗器械等消毒：**75%溶液	对酒精过敏者慎用

2.4 卤素类

药物名称	制剂、规格	适应证、用法及用量	作用特点、注意事项
次氯酸钠 Sodium Hypochlorite	**次氯酸钠溶液** 含有效氯（Cl）不少于5.0g/100ml **次氯酸钠溶液**（水产用）	消毒药。用于畜禽舍、器具及环境的消毒。也用于养殖水体的消毒，防治鱼、虾、蟹等水产养殖动物由细菌性感染引起的出血、烂鳃、腹水、肠炎、疖疮、腐皮等疾病。 **畜禽舍、器具消毒**：1∶(50~100)倍稀释。 **禽流感病毒疫源地消毒**：1∶10倍稀释。 **常规消毒**1∶1000倍稀释。 **口蹄疫病毒疫源地消毒**：1∶50倍稀释。 **常规消毒**：1∶1000倍稀释。	①置于儿童不易触及处。 ②对金属有腐蚀作用，勿用金属器具盛装；对织物有漂白作用。 ③本品有腐蚀性，会伤害皮肤。 ④水产用时受环境因素影响较大，使用时应注意环境条件。在水温偏高、pH值较低、施肥前使用效果较好。养殖水体水深超过2m时，按2m水深计算用药。 ⑤废弃包装应集中销毁

续表

药物名称	制剂、规格	适应证、用法及用量	作用特点、注意事项
		水产用时，用水稀释 300~500 倍后，全池遍洒：治疗，一次量，每 $1m^3$ 水体，1~1.5ml，每 2~3 日 1 次，连用 2~3 次；预防，每 $1m^3$ 水体，1~1.5ml，每隔 15 日 1 次	
次氯酸钙 Calcium Hypochlorite	次氯酸钙粉（蚕用） 复合次氯酸钙粉	消毒药。用于蚕体蚕座消毒。 临用前，取本品 1 袋，以 1 ∶ 20 的比例与新鲜石灰粉充分混匀后，用塑料袋密封。 **撒粉消毒**：3~5 龄，一日 1 次，眠期、熟蚕除外，每次使用量以蚕座表面药物呈薄霜状即可。发现病蚕后，每日可增加用药 1 次	①禁与其他消毒剂混用。 ②避免让儿童接触。 ③禁与农药一起存放。 ④废弃包装应妥善处理。 ⑤废弃包装应集中销毁
含氯石灰 Chlorinated Lime	含氯石灰（水产用） 含有效氯不	用于饮水消毒和畜舍、场地、车辆、排泄物等	①鱼缺氧时严禁使用。 ②鱼苗、鱼种慎

2 消毒防腐药

药物名称	制剂、规格	适应证、用法及用量	作用特点、注意事项
	少于 25.0% 含氯石灰（蚕用）	的消毒，水产上用于水体消毒，防治水产养殖动物由弧菌、嗜水气单胞菌、爱德华氏菌等引起的细菌性疾病。用于蚕室、蚕具的消毒。 **饮水消毒：**每 50L 水 1g。畜舍等消毒：配成 5%~20% 混悬液。水产：每 $1m^3$ 水体，1.0~1.5g，一日 1 次，连用 2 日。使用时用水稀释 1000~3000 倍后，全池均匀泼洒。 **蚕室、蚕具消毒：**配制时先将粉状物加少量水捣成糊状后，再加入目标水量。取本品 1 ∶ 25 稀释，进行喷雾消毒或浸渍消毒，喷雾消毒的用量	用。 ③对皮肤和黏膜有刺激作用，注意防护。 ④对金属有腐蚀作用，可使有色棉织物褪色，应注意防范。 ⑤禁与农药混放

药物名称	制剂、规格	适应证、用法及用量	作用特点、注意事项
		为 225ml/m^3，并保持湿润 30 分钟	
溴氯海因 Bromochloro-dimethylhyd-antoin	溴氯海因粉 10% 20% 30% 40% 溴氯海因粉（水产用） 8% 24% 30% 40% 50%	消毒防腐药。用于动物厩舍、运载工具等消毒。水产上用于养殖水体消毒，防治鱼、虾、蟹、鳖、贝、蛙等水产养殖动物由弧菌、嗜水气单胞菌、爱德华氏菌等引起的出血、烂鳃、腐皮、肠炎。 喷洒、擦洗或浸泡：环境或运载工具消毒，口蹄疫按 1 ∶ 1330 倍稀释，猪水疱病按 1 ∶ 667 倍稀释，猪瘟按 1 ∶ 2000 倍稀释，猪细小病毒病按 1 ∶ 200 倍稀释，鸡新城疫、法氏囊病按 1 ∶ 3330 倍稀释，细菌繁殖体按 1 ∶ 13330 倍稀释。	①本品对炭疽芽胞无效。 ②禁用金属容器盛放。 ③缺氧水体禁用。 ④水质较清，透明度高于30cm时，剂量酌减。 ⑤苗种剂量减半

续表

药物名称	制剂、规格	适应证、用法及用量	作用特点、注意事项
		泼洒(水产)：用1000倍以上水稀释，治疗，一次量，每$1m^3$水体，0.03~0.04g，每日1次，连用2次；预防，一次量，每$1m^3$水体，0.03~0.04g，每15日1次	
复合亚氯酸钠 Composite Chlorite Sodium	复合亚氯酸钠粉 含二氧化氯(ClO_2)不少于5.0% 复合亚氯酸钠溶液 (A剂700g+B剂300g)/套 A剂：含亚氯酸钠以二氧化氯(ClO_2)计应为7.2%~8.8%(g/g) B剂：含活化剂以盐酸(HCl)计不得少于25.0%(g/g)	用于厩舍，饲喂器具及饮水等消毒，并有除臭作用。也用于畜禽养殖场所空栏、养殖水体消毒，防治鱼虾常见的细菌性疾病。 取本品1g，加水100ml溶解，加活化剂1.5ml活化后，加水至150ml，备用。 **厩舍、饲喂器具消毒**：15~20倍稀释。 **饮水消毒**：200~1700倍稀	①避免与强还原剂及酸性物质接触；注意防爆。 ②现用现配，避免用金属容器具配液。 ③粉剂浓度为0.01%时，对铜、铝有轻度腐蚀。对碳钢有中度腐蚀。 ④使用者应注意自身防护，禁用于带动物的畜禽舍消毒。 ⑤消毒场所因空间较大使用量(溶液)超过5kg(以总质量计)时，应分散布点。 ⑥使用(溶液)环

续表

药物名称	制剂、规格	适应证、用法及用量	作用特点、注意事项
		释。养殖水体和鱼虾消毒2000倍稀释后全池均匀泼洒。 **熏蒸消毒：** 按A剂与B剂7∶3比例使用，使用时将B剂固体平铺于敞口塑料容器中，直接倒入A剂即可反应。熏蒸60分钟以上。每1m^{3}畜禽舍等养殖场所使用本品10g（以总质量计）	境空气湿度应不低于75%。 ⑦休药期：不需要制定
碘甘油 Iodine Glycerol	**碘甘油** 每1000ml含碘10g、碘化钾10g **碘甘油乳头浸剂** 按碘（I）计算 2g/100ml	用于口腔、舌、齿龈、阴道等黏膜炎症与溃疡。也用于奶牛乳房皮肤及乳头药浴。 **涂患处：** 涂擦乳房皮肤及药浴乳头，挤奶前，将本品按4倍稀释（即1份药液加3份水），用稀释液涂搽乳	①对碘过敏动物禁用。 ②不应与含汞药物配伍。 ③小动物用碘涂擦皮肤消毒后，宜用70%酒精脱碘，避免引起发泡或发炎。 ④现配现用，配制的碘液应存放在密闭容器内。 ⑤长时间浸泡金

续表

药物名称	制剂、规格	适应证、用法及用量	作用特点、注意事项
		房和挤奶者的手进行消毒；挤奶后将乳头浸入稀释液15~20秒	属器械，会产生腐蚀性。 ⑥妥善保存，避免儿童接触
碘酊 Iodine Tincture	碘酊 每1000ml含碘20g、碘化钾15g	用于手术前和注射前皮肤消毒。（碘酊） 术前和注射前的皮肤消毒	①对碘过敏动物禁用。 ②不应与含汞药物配伍。 ③小动物用碘酊涂搽皮肤消毒后，宜用70%酒精脱碘，避免引起发泡或发炎。 ④配置的碘溶液应存放在密闭容器内。若存放时间过久，颜色变淡，应测定碘含量，并将碘补足后再使用
浓碘酊 Strong Iodine Tincture	浓碘酊 每1000ml中含碘100g，碘化钾75g	外用于局部慢性炎症。 局部涂搽	刺激性强，皮肤局部反复涂搽可引起炎症反应
碘附 Iodophor	碘附 3%	用于手术部位和手术器械消毒 配成0.5%~1%溶液	同碘酊
碘附（Ⅰ） Iodophor	碘附（Ⅰ） 3%	用于手术部位和手术器械消毒	①勿用金属容器盛装。

续表

药物名称	制剂、规格	适应证、用法及用量	作用特点、注意事项
		及厩舍、饲喂器具、种蛋消毒；水产养殖动物机体、受精卵和养殖用器具的浸泡消毒。 喷洒、冲洗、浸泡：手术部位和手术器械消毒，用水 1 ：（3~6）稀释；厩舍、饲喂器具、种蛋消毒，用水 1 ：（100~200）稀释；水产养殖动物机体、苗种、受精卵和养殖用器具消毒，用水 1 ：1000 稀释，充分浸泡 10~30 分钟	②对碘过敏的动物禁用。 ③勿与强碱性物质混用。 ④使用过程中，水产动物如出现异常情况，立即停止使用。 ⑤废弃包装应集中销毁
复合碘溶液（水产用） Composite Iodine Solution		用于防治水产养殖动物细菌性和病毒性疾病。 **用水稀释后全池遍洒：**一次量，每 $1m^3$ 水体，0.1ml。 **治疗：**隔日 1 次，连用 2~3 次。 **预防：**疾病高	①不得与强碱或还原剂混合使用。 ②冷水鱼慎用

续表

药物名称	制剂、规格	适应证、用法及用量	作用特点、注意事项
		发季节，每隔7日1次	
激活碘粉 Active Idodine Powder	激活碘粉 含碘化钠、碘酸钾、碳酸钠、山梨醇、柠檬酸等	用于奶牛乳头皮肤消毒，预防和控制细菌性乳腺炎的发生。 奶牛乳头药浴。将本品一次性全部加入规定体积（每600g加入20kg）的水中，充分搅拌使之溶解，静置40分钟后使用	①溶液有效期为20日。 ②避免与含汞药物配伍。 ③对碘过敏的奶牛禁用
聚维酮碘 Povidone Iodine	聚维酮碘溶液 （1）1% （2）2% （3）5% （4）7.5% （5）10% 聚维酮碘溶液（水产用） （1）1% （2）2% （3）5% （4）7.5% （5）10% 聚维酮碘溶液（Ⅱ）	用于手术部位、皮肤黏膜消毒以及养殖水体的消毒。 皮肤消毒及治疗皮肤病：5%溶液。 奶牛乳头浸泡：0.5%~1%溶液。 黏膜及创面冲洗：0.1%溶液。 水产养殖消毒：用水稀释	①对碘过敏动物禁用。 ②当溶液变为白色或淡黄色即失去消毒活性。 ③勿用金属容器盛装。 ④水体缺氧时禁用。 ⑤勿与强碱类物质及重金属物质混用。 ⑥淡水鱼慎用。 ⑦休药期：500度·日

药物名称	制剂、规格	适应证、用法及用量	作用特点、注意事项
	(1) 100ml：聚维酮碘 5g (2) 100ml：聚维酮碘 10g	300~500 倍后，全池遍洒。治疗，一次量，每 $1m^3$ 水体，45~75mg，隔日 1 次，连用 2~3 次；预防，每 $1m^3$ 水体，45~75mg，每隔 7 日 1 次	
高碘酸钠 Sodium Periodate	**高碘酸钠（水产用）** (1) 1%（g/g） (2) 5%（g/g） (3) 10%（g/g）	用于养殖水体的消毒；防治鱼、虾、蟹等水产养殖动物由弧菌、嗜水气单胞菌、爱德华氏菌等引起的出血、烂鳃、腹水、肠炎、疖疮、腐皮等细菌性疾病。 用 300~500 倍水稀释后全池遍洒：每 $1m^3$ 水体，一次量，15~20mg。治疗，每 2~3 日 1 次，连用 2~3 次；预防，每 15 日 1 次	①勿用金属容器盛装。 ②勿与强碱类物质及含汞类药物混用。 ③软体动物、鲑等冷水性鱼类慎用。 ④对皮肤有刺激性
碘混合溶液 Iodine Mixed Solution	**碘混合溶液** 0.25%	用于泌乳期奶牛的乳头消毒。 **外用：**挤完奶	①仅限外用。 ②禁与其他化学物质混合使用。

药物名称	制剂、规格	适应证、用法及用量	作用特点、注意事项
		后，立即用本品药浴每个乳头，确保药液覆盖四分之三的乳头。每次使用后清洁药浴杯	③避免接触人的眼睛，一旦溅入眼睛应立即用大量清水冲洗，必要时咨询医生。 ④如果不慎吞食本品，应立即饮用大量清水，并尽快就医。 ⑤对碘过敏者操作时应穿戴手套和防护面具。 ⑥置于儿童不可触及处 ⑦开封使用后应用原容器贮存并将盖拧紧。 ⑧如果产品冻结，使用前应置于室温解冻并充分摇匀。 ⑨气候寒冷有风时，药浴后，待乳头干燥后再释放奶牛。 ⑩弃奶期：0 日
碘酸混合溶液 Iodine and Acid Mixed Solution	**碘酸混合溶液** 碘 3.0%、酸量（以磷酸计）30.0%	用于外科手术部位、畜禽房舍、畜产品加工场所及用具的消毒。	①勿用温度超过43℃的热水稀释。 ②如果发现有皮肤过敏现象，应停止使用。

续表

药物名称	制剂、规格	适应证、用法及用量	作用特点、注意事项
		病毒类消毒：0.33%~1%。 手术室及伤口消毒：0.33%。 畜禽房舍及用具消毒：0.17%~0.25%。 牧草消毒：0.067%。 畜禽饮水消毒：0.04%	③禁止与其他化学药品混合使用。 ④防止皮肤和眼睛接触到产品原液，如果溅入眼睛，立即用大量的水冲洗。 ⑤本品对鱼类和其他水生微生物有害，因此使用过的溶液禁止直接排入池塘

2.5 季铵盐类

药物名称	制剂、规格	适应证、用法及用量	作用特点、注意事项
月苄三甲氯铵 Halimide	月苄三甲氯铵溶液 10%	消毒防腐药。用于畜禽舍及器具消毒。 畜禽舍消毒，喷洒：1 ∶ 30倍稀释。器具浸涤：1 ∶（100~150）倍稀释	①禁与肥皂、酚类、酸类、碘化物等混用。 ②休药期：无需制定
苯扎溴铵 Benzalkonium	苯扎溴铵溶液（1）5%	用于手术器械、皮肤和创面	①禁与肥皂及其他阴离子表面活性

续表

药物名称	制剂、规格	适应证、用法及用量	作用特点、注意事项
Bromide（新洁尔灭）	（2）20%	消毒。 **创面消毒**：配成0.01%溶液。 **皮肤、手术器械消毒**：配成0.1%溶液	剂、盐类消毒剂、碘化物和过氧化物等合用，术者用肥皂洗手后，务必用水冲净后再用本品。 ②不宜用于眼科器械和合成橡胶制品的消毒。 ③配制器械消毒液时，需加0.5%亚硝酸钠，其水溶液不得贮存于聚乙烯制作的容器内，以避免与增塑剂起反应而使药液失效。 ④可引起人的药物过敏
癸甲溴铵 Didecyl Dimethyl Ammonium Bromide	**癸甲溴铵碘复合溶液** （1）100ml：癸甲溴铵5.0g+碘0.25g （2）100ml：癸甲溴铵10.0g+碘0.5g **癸甲溴铵溶液** （1）100ml：50g （2）100ml：10g	消毒药。主要用于畜禽养殖场、水产养殖场等的厩舍、器具消毒；也用于防治水产养殖动物细菌性和病毒性疾病。 浸泡、喷洒、喷雾。 **厩舍、器具、种蛋消毒（癸甲溴铵碘复合溶液）**：用水配成	①禁与肥皂合成洗涤剂混合使用。 ②原液对皮肤和眼睛有轻微刺激，避免与眼睛/皮肤和衣服直接接触，如溅及眼睛和皮肤立即以大量清水冲洗至少15分钟。使用时小心操作。 ③内服有毒性，一旦误服立即饮用大量清水或牛奶（至少两大杯），

续表

药物名称	制剂、规格	适应证、用法及用量	作用特点、注意事项
		0.005% 的溶液（以癸甲溴铵计）。水产养殖动物，用水稀释 3000~5000 倍后，全池均匀泼洒：每 $1m^3$ 水体用 0.08g~0.1g（以癸甲溴铵计）。隔日 1 次，连用 2~3 次。预防，每 15 日 1 次。 厩舍、器具消毒（癸甲溴铵溶液）：0.015%~0.05%，饮水消毒 0.0025%~0.005%（以癸甲溴铵计）	并尽快就医。 ④饮水免疫前后 3 日停止饮水消毒。 ⑤勿让儿童触及药品
季铵盐戊二醛溶液 Quaternary Ammonium salts and Glutaral Solution	季铵盐戊二醛溶液 100ml：苯扎氯铵 1.6g+癸甲溴铵 2.4g+戊二醛 2g	主要用于动物厩舍的日常环境消毒。可有效杀灭细菌、病毒、芽胞。 用前需将消毒液碱化（每 100ml 消毒液加无水碳酸钠 2g，搅拌至无水碳酸钠完全溶	①使用前将动物圈舍清理干净。 ②消毒液碱化后 3 日内用完。 ③用于具有碳钢或铝设备的畜禽厩舍的日常环境消毒，则需在消毒完毕 1 小时后及时清洗残留在碳钢或铝设备上的消毒液。

药物名称	制剂、规格	适应证、用法及用量	作用特点、注意事项
		解），消毒方式为稀释后喷雾或喷洒，用量为 $200ml/m^2$，消毒时间为1小时。日常消毒用自来水将碱化液以（1∶250）~（1∶500）稀释；用于杀灭病毒时将碱化液以（1∶100）~（1∶200）稀释；用于杀灭芽胞时将碱化液以(1∶1)~(1∶2)稀释	④每瓶（100ml）消毒液配有无水碳酸钠2g
复方季铵盐戊二醛溶液 Compound Quaternary Ammonium Salts and Glutaral Solution	**复方季铵盐戊二醛溶液** 1000ml：氯化二辛基二甲基铵18.75g+氯化二癸基二甲基铵18.75g+氯化辛基癸基二甲基铵37.5g+氯化烷基二甲基苄铵50g+戊二醛62.5g	用于牧场及畜禽栏舍、兽医临床器械的消毒。 **牧场及畜禽栏舍喷雾消毒：**无特定疾病时，以1∶200倍稀释；特定疾病暴发时，RNA病毒病、细小病毒病以1∶50倍稀释，腺病毒病、脊髓灰质炎病毒病以1∶100倍	①本品对水生环境有毒，禁止向下水道排放或者向环境直接排放。 ②本品为环境消毒剂，勿用于食品动物体表或带畜消毒

续表

药物名称	制剂、规格	适应证、用法及用量	作用特点、注意事项
		稀释，其他病毒、细菌、真菌以1∶200倍稀释。 **器械浸泡消毒：**常规消毒，以1∶100倍稀释；特定疾病暴发时，以1∶50倍稀释。 **使用热雾器消毒：**以1∶1倍稀释的液体填充热雾器，每立方米约需5ml	
	1000ml：烷基二甲基苄基氯化铵170.6g+二癸基二甲基氯化铵78.0g+戊二醛107.25g	用于牧场及畜禽栏舍的日常环境消毒。 **浸泡或喷雾：**用于病毒消毒时，以1∶200稀释；用于细菌、真菌消毒时，以1∶400稀释；用于农场入口消毒池消毒时，以1∶200稀释，应参考农场的日常消毒程序，并根据	

续表

药物名称	制剂、规格	适应证、用法及用量	作用特点、注意事项
		消毒池人员及车辆等进出的频率和清洁程度，建议每2~3日更换一次消毒液	

2.6 过氧化物类

药物名称	制剂、规格	适应证、用法及用量	作用特点、注意事项
高锰酸钾 Potassium Permanganate	含 $KMnO_4$ 应为99.0%~100.5%	用于皮肤创伤及腔道炎症的创面消毒、止血和收敛，也用于有机物中毒。 腔道冲洗及洗胃：配成0.05%~0.1%溶液。 创伤冲洗：配成0.1%~0.2%溶液	①严格掌握不同用途使用不同浓度的溶液。 ②水溶液易失效，药液需新鲜配制，避光保存，久置变棕色而失效。 ③由于高锰酸钾对胃肠道有刺激作用，在误服有机物中毒时，不应反复用高锰酸钾溶液洗胃。 ④动物内服本品中毒时，应用温水或添加3%过氧化氢溶液洗胃，并内

续表

药物名称	制剂、规格	适应证、用法及用量	作用特点、注意事项
			服牛奶、豆浆或氢氧化铝凝胶，以延缓吸收
过氧化氢 Hydrogen Peroxide	**过氧化氢溶液** 3% **过氧化氢溶液**（水产） **过氧化氢粉** 9.5%	消毒防腐药。用于皮肤、黏膜、创面、瘘管的清洗以及畜禽舍环境消毒；也可用作增氧剂，用于增加水体溶解氧。 适量，清洗创口。或用水稀释至少100倍后泼洒：每$1m^3$水体，一次量，0.3~0.4ml。 用水制成60g/L溶液（以过氧化氢粉计），按$30L/100m^2$比例进行畜禽舍消毒	①禁与有机物、碱、生物碱、碘化物、高锰酸钾或其他强氧化剂合用。 ②不能注入胸腔、腹腔等密闭体腔或腔道、气体不易逸散的深部脓疡，以免产气过速，可导致栓塞或扩大感染。 ③本品为强氧化剂、腐蚀剂，使用时顺风向泼洒，勿将药液接触皮肤，如接触皮肤应立即用清水洗净。 ④有机物对消毒作用有干扰，消毒前应将畜禽养殖场所的有机物清扫干净，再进行消毒。 ⑤休药期：不需要制定
过硼酸钠 Sodium Perborate	**过硼酸钠粉**（水产用） 大包 650g [过硼酸钠	水体改良剂。用于增加水中溶氧，改善水质。 大包、小包按	①本品为缺氧急救药品，根据缺氧程度适当增减用量，并配合充水，使用

2 消毒防腐药

续表

药物名称	制剂、规格	适应证、用法及用量	作用特点、注意事项
	($NaBO_3 \cdot 4H_2O$) 325g+无水硫酸钠 325g] 小包 沸石粉 350g	2∶1称取，使用前在干燥容器中混合均匀后直接泼撒在鱼虾浮头集中处，泼撒面积约为总水体面积的1/4。 预防，用于改善水质、预防水产动物浮头时，每 $1m^3$ 水体，0.4g。治疗，救治水产动物浮头、泛池时，每 $1m^3$ 水体，0.75g	增氧机等措施改善水质。 ②本品如有轻微结块，压碎使用。 ③废弃包装应集中销毁。 ④休药期：0度·日
过碳酸钠 Sodium Perc-arbonate	过碳酸钠（水产用） 过碳酸钠($2Na_2CO_3 \cdot 3H_2O_2$)中含有效氧［O］不得少于10.5%	水体改良剂。用于缓解和解除鱼、虾、蟹等水产养殖动物因缺氧引起的浮头和泛塘。 **在浮头处泼撒**：一次量，每 $1m^3$ 水体，1.0~1.5g；严重浮头时用量加倍	①不得与金属、有机溶剂、还原剂等接触。 ②按浮头处水体计算药品用量。 ③视浮头程度决定用药次数。 ④本品为缺氧急救药品，发生浮头时，表示水体严重缺氧，本品撒入水体后，其所携带氧气很快为水生生物消耗，因此，还应采取冲水、增氧等

药物名称	制剂、规格	适应证、用法及用量	作用特点、注意事项
			措施，防止水生生物大量死亡。 ⑤废弃包装应集中销毁。 ⑥休药期：无需制定
过硫酸氢钾复合盐 Potassium Peroxymonosulfate	**过硫酸氢钾复合盐泡腾片** 以有效氯计 0.1g	用于畜禽舍、空气等的消毒。 **喷雾、喷洒或浸泡**：畜禽环境、饮水设备、空气消毒、终末消毒、设备消毒、孵化场消毒、脚踏盆消毒时，以 1 ∶ 400（即每 10 片兑水 4kg）稀释	①现用现配。 ②不与碱类物质混存或合并使用
	过硫酸氢钾复合物粉 含有效氯不得少于 10.0%	用于畜禽舍、空气和饮用水等的消毒。防治水产养殖鱼、虾的出血、烂鳃、肠炎等细菌性疾病。 **浸泡或喷雾**： ①畜舍环境消毒、饮水设备消毒、空气消毒、终末消毒、设备消毒、孵化场消	

续表

药物名称	制剂、规格	适应证、用法及用量	作用特点、注意事项
		毒、脚踏盆消毒，1∶200浓度稀释；②饮用水消毒，1∶1000浓度稀释；③对于特定病原体消毒，大肠杆菌、金黄色葡萄球菌、猪水疱病病毒、传染性法氏囊病病毒，1∶400倍稀释；链球菌，1∶800倍稀释；禽流感病毒，1∶1600倍稀释；口蹄疫病毒，1∶1000倍稀释。水产养殖鱼、虾消毒，用水稀释200倍后全池均匀喷洒，每1m^3水体0.6~1.2g	
复方过硫酸氢钾枸橼酸粉 Compound Potassium Peroxymonosulphate and Citric Acid Powder	**复方过硫酸氢钾枸橼酸粉** 枸橼酸15.0%，含有效氯不得少于10.0%	用于畜禽厩舍、空气和饮用水等的消毒。 以本品计。**浸泡或喷雾**：畜舍环境消毒、空气消毒，1∶200倍稀释；饮用水消	①现配现用。 ②不与碱类物质混存或合并使用。 ③产品用尽后，包装不得乱丢弃。 ④休药期：无需制定

续表

药物名称	制剂、规格	适应证、用法及用量	作用特点、注意事项
		毒，1∶1000倍稀释；对特定病原体消毒，大肠杆菌1∶400倍稀释，禽流感病毒1∶3200倍稀释，新城疫病毒1∶6400倍稀释，猪瘟病毒、猪蓝耳病病毒1∶800倍稀释	

2.7 酸类

药物名称	制剂、规格	适应证、用法及用量	作用特点、注意事项
过氧乙酸 Peracetic Acid	**过氧乙酸溶液** 16.0%~23.0% 由A液和B液组成，它们主要由过氧化氢与乙酸溶液反应，生成过氧乙酸	用于杀灭厩舍、用具等的细菌、芽胞、真菌和病毒。 **喷雾消毒：**畜禽厩舍1∶(200~400)倍稀释。 **浸泡消毒：**器具1∶500倍稀释	①使用前将A、B液混合反应10小时后生成过氧乙酸消毒液。 ②腐蚀性强，操作时戴上防护手套，避免药液灼伤皮肤，稀释时避免使用金属器具。 ③当室温低于15℃时，A液会结冰，用温水浴融化

药物名称	制剂、规格	适应证、用法及用量	作用特点、注意事项
			溶解后即可使用。 ④配好的溶液应置玻璃瓶内或硬质塑料瓶内低温、避光、密闭保存
枸橼酸 Citric Acid	**枸橼酸粉** 100g : 94g	消毒药。用于环境或器具(械)的消毒。 **喷雾、喷洒或浸泡消毒：**杀灭口蹄疫病毒，1∶1000倍稀释；杀灭猪瘟病毒，1∶600倍稀释；杀灭猪水疱病病毒，1∶200倍稀释；杀灭鸡新城疫病毒，1∶100倍稀释；杀灭鸡传染性法氏囊炎病毒，1∶100倍稀释	①现用现配。 ②本品勿与其他药物混合或交替使用，以免降低消毒效果。 ③吸潮易结块，但不影响消毒效力
枸橼酸苹果酸粉 Citric Acid and Malic Acid Powder	1000g：枸橼酸400g+DL-苹果酸100g	用于厩舍、空气和饮用水的消毒。 **普通设备的清洁或消毒：**足量的喷雾，使设备完全湿润即可。水管和输水管的消毒：投入稀释	

续表

药物名称	制剂、规格	适应证、用法及用量	作用特点、注意事项
		的本品放置至少30分钟，然后清洗。 **动物围栏表面喷雾消毒：**按10ml/m² 的比例，用喷雾装置喷于围栏表面。病毒消毒：按（1：1000）~（1：3000）稀释（相当于本品1g加水1~3L）。 **细菌消毒：**按（1：1000）~（1：2000）稀释（相当于本品1g加水1~2L）。 **饮水消毒：**按（1：5000）~（1：10000）稀释（相当于本品1g加水5~10L）	

2 消毒防腐药

2.8 碱类

药物名称	制剂、规格	适应证、用法及用量	作用特点、注意事项
氢氧化钠 Sodium Hydrate	含 NaOH 按总碱量计算，不得少于 96.0%，总碱量中含碳酸钠（Na_2CO_3）的量不得超过 2.0%	消毒药和腐蚀药。用于厩舍、车辆等的消毒，也用于牛、羊新生角的腐蚀。 消毒：1%~2% 热溶液。 腐蚀新生角：50% 溶液	①对组织有强腐蚀性，能损坏织物和铝制品。 ②消毒人员应注意防护

2.9 染料类

药物名称	制剂、规格	适应证、用法及用量	作用特点、注意事项
甲紫 Methylrosanilinium Chloride	甲紫溶液 1%	用于黏膜和皮肤的创伤、烧伤和溃疡的消毒。 外用：涂于患处	①有致癌性，禁用于食品动物。 ②对皮肤、黏膜有着色作用，宠物面部创伤慎用
乳酸依沙吖啶 Ethacridine Lactate	乳酸依沙吖啶溶液 0.1%（按 $C_{15}H_{15}N_3O \cdot C_3H_6O_3$ 计）	用于创面、黏膜消毒。 外用：适量，涂于患处	①溶液在光照下可分解生成剧毒产物，若肉眼观察本品变为褐绿色，则表明已分解，不可再用。 ②当溶液中氯化

续表

药物名称	制剂、规格	适应证、用法及用量	作用特点、注意事项
			钠浓度高于0.5%时，本品可从溶液中析出；遇碱和碘液易析出沉淀。 ③长期使用可能延缓伤口愈合

2.10 其他

药物名称	制剂、规格	适应证、用法及用量	作用特点、注意事项
松馏油	/	防腐消毒。如蹄叉腐烂。 **外用，涂于患处**	炎症或破损皮肤表面忌用
鱼石脂 Ichthammol	**鱼石脂软膏** 10%	外用消炎。 **涂敷患处**	①有较弱的抑菌作用和温和的刺激作用。 ②外用具有局部消炎和刺激肉芽生长作用
乌洛托品 Methenamine	**乌洛托品注射液** （1）5ml：2g （2）10ml：4g （3）20ml：8g （4）50ml：20g	消毒防腐药。用于尿路感染。 **静脉注射**：以乌洛托品计，一次量，马、牛15~30mg；羊、猪5~10mg；犬0.5~2mg	①宜加服氯化铵，使尿呈酸性。 ②休药期：无需制定

3 抗寄生虫药

3.1 抗蠕虫药物

抗蠕虫药是指对动物寄生蠕虫具有驱除、杀灭或抑制作用的药物。根据寄生于动物体内的蠕虫类别，抗蠕虫药相应地分为抗线虫药、抗吸虫药、抗绦虫药、抗血吸虫药。但这种分类也是相对的，有些药物兼有多种作用，如吡喹酮具有抗绦虫和抗吸虫作用，苯并咪唑类具有抗线虫、吸虫和绦虫作用。

药物名称	制剂、规格	适应证、用法及用量	作用特点、注意事项
哌嗪 Piperazine	**磷酸哌嗪片** 0.2g 0.5g **枸橼酸哌嗪片** 0.25g 0.5g	抗寄生虫药。主要用于畜禽蛔虫病，也用于马蛲虫病、毛线虫病，牛、羊、猪食道口线虫病，犬、猫弓首蛔虫等。 **内服**：以枸橼酸哌嗪计，一次量，每1kg体重，马、牛0.25g；羊、猪0.25~0.3g；犬0.1g；禽0.25g（枸橼酸	①微丝蚴阳性的犬不能用。 ②犬、猫宜喂食后服用，可减轻胃肠道不良反应。 ③慢性肝、肾疾病以及胃肠蠕动减弱的患畜慎用。 ④哌嗪对未成熟虫体作用不强，通常应间隔一段时间后重复给药：马3~4周，猪2个月，禽10~14日，犬、猫2~3周。

续表

药物名称	制剂、规格	适应证、用法及用量	作用特点、注意事项
		哌嗪片）。 **内服**：以磷酸哌嗪计，一次量，每1kg体重，马、猪0.2~0.25g；犬、猫0.07~0.1g；禽0.2~0.5g（磷酸哌嗪片）	⑤对马的适口性差，不宜混于饲料中给药，应以溶液剂灌服。 ⑥对猪、禽饮水或混饲给药时应在8~12小时内用完，动物还应禁食一夜。 ⑦应用本药时，不能并用泻剂、吩噻嗪类（如氢氯噻嗪）、噻嘧啶、甲噻嘧啶、氯丙嗪等。也不能和亚硝酸盐并用。 ⑧休药期：牛、羊28日，猪21日，禽14日
乙胺嗪 Diethylcarba-mazine	**枸橼酸乙胺嗪片** 50mg 100mg	抗丝虫药。主要用于马、羊脑脊髓丝虫病，犬心丝虫病，亦可用于家畜肺丝虫病。 **内服**：以枸橼酸乙胺嗪计，一次量，每1kg体重，马、牛、羊、猪20mg；犬、猫50mg	①微丝蚴阳性的犬不能使用。 ②犬、猫宜食后服用，可减轻胃肠道不良反应。 ③休药期：牛、羊、猪28日，弃奶期7日

药物名称	制剂、规格	适应证、用法及用量	作用特点、注意事项
米尔贝肟 Milbemycin Oxime	**米尔贝肟片** 2.5mg 20mg 米尔贝肟吡喹酮片 14mg（米尔贝肟 4mg+ 吡喹酮 10mg） 56mg（米尔贝肟 16mg+ 吡喹酮 40mg）	抗寄生虫药。用于预防犬心丝虫，驱除犬、猫蛔虫、钩虫、鞭虫、绦虫等。 **内服（米尔贝肟片）**：预防心丝虫，一次 1 片，每月 1 次，蚊患季节前一个月开始服用本品，直至季节结束后一个月。驱除蛔虫和钩虫：一次 1 片，每月 1 次，至少连用 2 次。驱除鞭虫：每 1kg 体重，犬 0.5~1mg，每月 1 次，至少连用 2 次。 **内服（米尔贝肟吡喹酮片）**：以米尔贝肟计，每 1kg 体重，猫 2mg。每 3 个月 1 次，或遵医嘱	①犬、猫服用前，需由兽医检查是否已感染心丝虫。感染心丝虫的犬，服用本品前先驱除心丝虫及幼虫。 ②仅适用于 5~10kg，犬内服，两个月以下的或体重大于 10kg 或小于 5kg 的犬不适用。不推荐用于 6 周龄以内或体重小于 0.5kg 的猫。 ③避免用于患有肝、肾损坏的猫。 ④避免儿童接触。 ⑤休药期：无需制定
	多杀霉素米尔贝肟咀嚼片 （1）多杀霉素 140mg+	用于预防犬心丝虫病；预防和治疗犬的跳蚤（猫栉首蚤）感	①8 周龄以下犬用药安全未进行评估，建议用于 8 周龄以上的犬。小于

续表

药物名称	制剂、规格	适应证、用法及用量	作用特点、注意事项
	米尔贝肟2.3mg （2）多杀霉素 270mg+米尔贝肟4.5mg （3）多杀霉素 560mg+米尔贝肟9.3mg （4）多杀霉素 810mg+米尔贝肟13.5mg （5）多杀霉素 1620mg+米尔贝肟27mg	染；治疗和控制犬钩虫（犬钩口线虫）成虫、犬蛔虫（犬弓蛔虫和狮弓蛔虫）成虫、犬鞭虫（狐毛尾线虫）成虫感染。 **内服：**一次量（推荐的最低剂量），犬每 1kg 体重，多杀霉素 30mg 和米尔贝肟 0.5mg。每月 1 次。 **预防犬心丝虫病：**在犬第一次季节性暴露于蚊子的一个月内开始给药，之后连续每月给药 1 次，直至最后一次暴露于蚊子，再连续给药 3 个月。 **预防和治疗跳蚤感染：**可在任何时间开始给药，最好在跳蚤	14 周龄的幼犬给药后呕吐的发生率会增加。 ②在使用本品前，应检查犬是否存在心丝虫成虫感染。本品对犬心丝虫成虫无作用，已感染的犬用药前应先进行杀成虫药治疗。本品不能用于清除犬心丝虫。 ③妊娠和泌乳犬以及有癫痫史的犬慎用。 ④预防犬心丝虫感染时，如果给药后 1 小时内发生呕吐，需再次按推荐剂量给药。在最后一次暴露于蚊子后，若治疗少于 3 个月，可能不能达到完全预防犬心丝虫的效果。 ⑤当用本品替代其他抗犬心丝虫产品时，本品的首次给药时间应在被替代产品使用后的 1 个月内。

药物名称	制剂、规格	适应证、用法及用量	作用特点、注意事项
		流行前的一个月开始给药，之后连续每月给药1次，直至跳蚤流行季节结束	⑥如果两次给药间隔超过1个月，应立即给药，并连续每月给药，这样可以降低犬心丝虫和跳蚤发育成成虫的机会，达到预防作用

多杀霉素米尔贝肟咀嚼片给药剂量表

体重 /kg	规格	多杀霉素 + 米尔贝肟（mg）	给药片数
2.3~4.5kg	（1）	140mg+2.3mg	1
4.6~9.0kg	（2）	270mg +4.5mg	1
9.1~18kg	（3）	560mg +9.3mg	1
18.1~27kg	（4）	810mg +13.5mg	1
27.1~54kg	（5）	1620mg +27mg	1
＞54kg	按实际体重计算药量，选择合适的规格搭配使用		

药物名称	制剂、规格	适应证、用法及用量	作用特点、注意事项
阿苯达唑 Albendazole （丙硫咪唑）	**阿苯达唑粉** 2.5% 10% **阿苯达唑粉（水产用）** 6% **阿苯达唑颗粒** 10% **阿苯达唑混悬液** 100ml : 10g	抗蠕虫药。用于畜禽线虫病、绦虫病和吸虫病。水产上主要用于治疗海水养殖鱼类由双鳞盘吸虫、贝尼登虫引起的寄生虫病，淡水养殖鱼类由指环虫、三代虫等引起的寄生虫病。 **内服**（阿苯达唑粉、混悬液、	①禁用于食用马。 ②泌乳期禁用。 ③动物妊娠前期45日禁用。 ④本品中伊维菌素对鱼、虾有剧毒，残存物、包装品及动物排泄物切勿污染水源。阿维菌素对光敏感，易被迅速氧化灭活，应避光保存。毒性较伊维菌素稍强，敏感

续表

药物名称	制剂、规格	适应证、用法及用量	作用特点、注意事项
	阿苯达唑片 25mg 50mg 0.1g 0.2g 0.3g 0.5g 阿苯达唑伊维菌素粉 100g：阿苯达唑 10g+ 伊维菌素 0.2g 阿苯达唑伊维菌素片 0.36g（阿苯达唑 350mg+ 伊维菌素 10mg） 阿苯达唑伊维菌素预混剂 100g：阿苯达唑 6g+ 伊维菌素 0.25g 阿苯达唑阿维菌素片 0.153g（阿苯达唑 0.15g+	颗粒、片）：一次量，每 1kg 体重，马、猪 5~10mg，牛、羊 10~15mg，犬 25~50mg，禽 10~20mg。 内服（阿苯达唑伊维菌素粉）：一次量，每 1kg 体重，猪 7~10mg。 内服（阿苯达唑伊维菌素片）：一次量，每 1kg 体重，牛、羊 10mg。 内服（阿苯达唑阿维菌素片）：一次量，每 1kg 体重，牛、羊 15mg。 内服（阿苯达唑硝氯酚片）：一次量，每 1kg 体重，牛、羊 10~15mg。	动物慎用。 ⑤阿苯达唑硝氯酚片中毒时可根据症状选用安钠咖、毒毛花苷 K、维生素 C 等对症治疗，但禁用钙剂静脉注射。 ⑥休药期：牛 14 日，羊 4 日，猪 7 日，禽 4 日；弃奶期 2.5 日（粉、颗粒、片）；鱼 500 度·日（粉）。牛 14 日，羊 4 日，猪 7 日，禽 4 日（混悬液）。猪 28 日（阿苯达唑伊维菌素粉、预混剂）。牛、羊 35 日（阿苯达唑伊维菌素片、阿苯达唑阿维菌素片）。28 日（阿苯达唑硝氯酚片）

续表

药物名称	制剂、规格	适应证、用法及用量	作用特点、注意事项
	阿维菌素3mg）0.255g（阿苯达唑0.25g+阿维菌素5mg） **阿苯达唑硝氯酚片** 0.14g（阿苯达唑0.1g+硝氯酚40mg）	混饲（阿苯达唑伊维菌素预混剂）：每1000kg体重，猪60g。 **拌饵投喂**：一次量，每1kg体重，鱼12mg。一日1次，连用5~7日	
氧阿苯达唑 Albendazole Oxide	**氧阿苯达唑片** （1）50mg （2）0.1g	抗蠕虫药。主要用于驱除畜禽线虫和绦虫。 **内服**（片）：以氧阿苯达唑计，一次量，每1kg体重，羊5~10mg	①本品有潜在的皮肤致敏性，使用时应避免接触皮肤。 ②避免儿童接触。 ③母畜妊娠前期45日内慎用。 ④休药期：羊4日（片）
芬苯达唑 Fenbendazole （硫苯咪唑）	**芬苯达唑粉** 5% **芬苯达唑颗粒** 3% 10% **芬苯达唑片** 25mg 50mg 0.1g 0.2g	抗蠕虫药。用于治疗畜禽线虫病和绦虫病。 **内服**：以芬苯达唑计，一次量，每1kg体重，马、牛、羊、猪5~7.5mg；禽10~50mg。犬、猫25~50mg，连用3日	①单剂量对于犬、猫一般无效，必须连用3天；偶见致畸胎和胚胎毒性的作用，妊娠前期忌用。 ②供食用的马禁用。 ③不应用于泌乳期奶牛，动物妊娠前期45日内禁用。 ④绵羊妊娠早期

续表

药物名称	制剂、规格	适应证、用法及用量	作用特点、注意事项
	芬苯达唑伊维菌素片 0.210g（芬苯达唑 0.2g+伊维菌素 10mg）		使用芬苯达唑，可能伴有致畸胎和胚胎毒性的作用。 ⑤伊维菌素对虾、鱼及水生生物有剧毒，残留药物的包装及容器切勿污染水源。 ⑥休药期：牛、羊 14 日，猪 3 日，弃奶期 5 日（粉）。牛、羊 14 日，猪 3 日，禽 28 日，弃奶期 7 日（颗粒）。牛、羊 21 日，禽 28 日，猪 3 日，弃奶期 7 日（芬苯达唑片）。 牛、羊 35 日，猪 28 日（芬苯达唑伊维菌素片）
奥芬达唑 Oxfendazole	奥芬达唑颗粒 10% 奥芬达唑片 50mg 0.1g 奥芬达唑粉 4%	抗蠕虫药。主要用于畜和犬的线虫病和绦虫病。 **内服**：一次量，每 1kg 体重，马 10mg，牛 5mg，羊 5~7.5mg，猪 4mg，犬 10mg。	①单剂量对于犬一般无效，必须连用 3 天。 ②禁用于供食用的马。 ③泌乳期禁用。 ④妊娠早期动物慎用。 ⑤敏感虫体对本品能产生耐药，甚

3 抗寄生虫药

续表

药物名称	制剂、规格	适应证、用法及用量	作用特点、注意事项
		内服：一次量，每1kg体重，猪5mg（粉）	至与苯并咪唑产生交叉耐药现象。 ⑥勿与抗肝片吸虫药溴沙兰（Bromsalan）同时使用 ⑦休药期：马、牛、羊、猪7日（颗粒）。牛、羊、猪7日（片）。猪14日（粉）
硝唑沙奈 Nitazoxanide	硝唑沙奈干混悬剂 2.5g	抗寄生虫药。用于豆状绦虫、犬复孔绦虫等引起的犬绦虫病。 内服：取本品1袋加水50ml，搅拌均匀，制成混悬液，每1kg体重，成年犬2ml（相当于100mg/kg体重）	偶见胃肠道副反应，如呕吐、厌食、稀便等
奥苯达唑 Oxibendazole	奥苯达唑片 25mg	抗蠕虫药。用于畜禽肠道线虫病。 内服：一次量，每1kg体重，马、牛10~15mg；羊、猪10mg；禽35~40mg	①奶牛禁用。 ②不用于妊娠前期45日。 ③绵羊妊娠早期使用，可能伴有致畸胎和胚胎毒性的作用。 ④休药期：28日

续表

药物名称	制剂、规格	适应证、用法及用量	作用特点、注意事项
甲苯咪唑 Mebendazole	**甲苯咪唑溶液（水产用）** 10%（质量分数） **复方甲苯咪唑粉** 1000g：甲苯咪唑400g+盐酸左旋咪唑100g+玉米淀粉适量	抗蠕虫药。用于治疗鱼类指环虫、伪指环虫、三代虫等单殖吸虫病。也与盐酸左旋咪唑合用治疗鳗鲡指环虫、三代虫、车轮虫病等。 **加水2000倍水稀释均匀后泼洒**：以甲苯咪唑计，治疗青鱼、草鱼、鲢鱼、鳙鱼、鳜鱼的单殖吸虫病，每$1m^3$水体，0.1~0.15g；治疗欧洲鳗、美洲鳗的单殖吸虫病，每$1m^3$水体，0.25~0.5g。 **药浴**（复方甲苯咪唑粉）：每$1m^3$水体，鳗鲡2~5g（使用前经过适量甲酸预溶），浸浴20~30分钟	①斑点叉尾鮰、大口鲇鱼禁用，特殊养殖品种禁用。 ②在使用范围内，水温高时宜采用低剂量。在低溶解氧状况下慎用。 ③复方甲苯咪唑粉禁用于养殖贝类、螺类、斑点叉尾鮰、大口鲇。日本鳗鲡等特种养殖动物慎用。 ④药物接触到皮肤或眼睛时应用大量清水清洗，并及时就医。包装物集中销毁。 ⑤休药期：500度·日。150度·日（复方甲苯咪唑粉）

药物名称	制剂、规格	适应证、用法及用量	作用特点、注意事项
氟苯达唑 Flubendazole	氟苯达唑预混剂 5%	抗蠕虫药。用于驱除畜禽胃肠道线虫及绦虫。 混饲：常用量，每1000kg饲料，猪30g，连用5~10日；鸡和鹅30g，连用4~7日；鸡和鹅（瑞利绦虫属）60g，连用4~7日；火鸡20g，连用4~7日；雉鸡和鹧鸪60g，连用4~7日	①禁用于鸽子和鹦鹉。 ②在治疗的同时，猪场和养禽场如能保持良好的卫生环境，治疗效果更佳。 ③使用者应避免皮肤直接接触或吸入本品。 ④休药期：14日
左旋咪唑 Levamisole	盐酸左旋咪唑粉 5% 10% 盐酸左旋咪唑片 25mg 50mg 盐酸左旋咪唑注射液 10ml：0.5g 2ml：0.1g 5ml：0.25g 10ml：0.2g	抗蠕虫药。主要用于牛、羊、猪、犬、猫和禽的胃肠道线虫、肺线虫及猪肾虫病。 内服、皮下、肌内注射：以盐酸左旋咪唑计，一次量，每1kg体重，牛、羊、猪7.5mg；犬、猫10mg；禽25mg	①马和骆驼较敏感，骆驼禁用，马应慎用。 ②产蛋供人食用的家禽，在产蛋期不得使用；产乳供人食用的家畜，在泌乳期不得使用。 ③极度衰弱或严重肝肾损伤患畜应慎用。疫苗接种、去角或去势等引起应激反应的牛应慎用或推迟使用。 ④本品中毒时可用阿托品解毒和其

续表

药物名称	制剂、规格	适应证、用法及用量	作用特点、注意事项
			他对症治疗。 ⑤禁用于静脉注射。 ⑥休药期：牛2日，羊3日，猪3日，禽28日（片、粉剂）。牛14日，羊、猪、禽28日（注射液）
噻嘧啶 Pyrantel	双羟萘酸噻嘧啶片 0.3g	抗蠕虫药。用于治疗胃肠道线虫病。 内服：以双羟萘酸噻嘧啶计，一次量，每1kg体重，马7.5~15mg；犬、猫5~10mg	①严重衰弱的动物慎用；忌与肌松药、抗胆碱酯酶药和有机磷杀虫药合用。 ②休药期：无需制定
敌百虫 Trichlorphon	敌百虫溶液（水产用） 30% 精致敌百虫粉 33.2% 精致敌百虫粉（水产用） 20% 30% 80%	驱虫药和杀虫药。用于驱杀家畜胃肠道线虫、猪姜片虫、马胃蝇蛆、牛皮蝇蛆、羊鼻蝇蛆和蜱、螨、虱、蚤等。也用于杀灭或驱除主要淡水养殖鱼类中华鳋、锚头鳋、鲺、鱼虱、三代虫、指环虫、线	①禁与碱性药物合用。 ②孕畜及心脏病、胃肠炎的患畜禁用。 ③反刍动物较敏感，易出现不良反应，慎用。 ④中毒时，用阿托品与碘解磷定等解救。 ⑤用完后的盛器应妥善处理，不得

3 抗寄生虫药

续表

药物名称	制剂、规格	适应证、用法及用量	作用特点、注意事项
	精致敌百虫片 按敌百虫计，0.3g	虫等寄生虫。 常用量，内服：以敌百虫计，一次量，每1kg体重，马30~50mg；牛20~40mg；绵羊80~100mg；山羊50~70mg；猪80~100mg。 极量，内服：以敌百虫计，一次量，马20g；牛15g。外用：每1片兑水30ml配成1%溶液。 敌百虫溶液（水产用），用水充分稀释后，全池均匀泼洒：每$1m^3$水体，100~200mg。 精致敌百虫粉（水产用），用水溶解并充分稀释后，全池均匀泼洒：每$1m^3$水体，180~450mg。鱼苗用量减半	随意丢弃。 ⑥虾、蟹、鳜、淡水白鲳、无鳞鱼、海水鱼禁用；特种水产动物慎用。 ⑦水中溶氧低时不得使用。 ⑧水质较瘦，透明度高于30cm时，按低限剂量使用，苗种按低限剂量减半；水深超过1.8m时，应慎用，以免用药后池底药物浓度过高。 ⑨春秋季节或水温低时按低限剂量使用。 ⑩休药期：28日（片、粉）；500度·日（水产用）

药物名称	制剂、规格	适应证、用法及用量	作用特点、注意事项
蝇毒磷 Coumafos	蝇毒磷溶液 0.1% 蝇毒磷溶液（蚕用） 500g ∶ 80g	杀虫药。用于防治牛皮蝇蛆、蜱、螨、虱和蝇等外寄生虫。 **外用**：牛，羊，按 1 ∶（2~5）稀释，配成 0.02%~0.05% 的乳剂。 **蚕用**：临用前，按 1 ∶（320~800）稀释，配成 0.02% ~ 0.05% 的药液。**药浴**：蚕眠起 5 ~ 8 日内，将蚕连同剪下的少量枝叶，在配好的药液中浸 10 秒	①禁止与其他有机磷化合物以及胆碱酯酶抑制剂合用。 ②本品易燃，有毒，不得近火，严禁与食物、种子、饲料混放。 ③如发生人、畜中毒，可用阿托品或解磷定解毒，或遵医嘱。 ④阴雨天不能浸蚕。 ⑤用药后蚕蛹禁止食用。禁止与其他有机磷化合物以及胆碱酯酶抑制剂合用。 ⑥休药期：28 日（溶液）。蚕无需制定
伊维菌素 Ivermectin	伊维菌素溶液 0.1% 0.2% 0.3% 伊维菌素片 2mg 5mg 7.5mg	大环内酯类抗寄生虫药。用于防治羊、猪的线虫病、螨病和寄生性昆虫病。 以伊维菌素计。内服（片剂、溶液）：一次量，每 1kg 体重，羊	①产乳供人食用的羊，在泌乳期不得使用。柯利犬禁用。母畜妊娠前期 45 日慎用。 ②伊维菌素对虾、鱼及水生生物有剧毒，残存药物的包装品切勿污染

3 抗寄生虫药

药物名称	制剂、规格	适应证、用法及用量	作用特点、注意事项
	伊维菌素注射液 1ml：0.01g 2ml：0.02g 5ml：0.05g 10ml：0.1g 50ml：0.5g 100ml：1g 2ml：0.004g 5ml：0.01g 10ml：0.02g 20ml：0.04g 2ml：0.01g **伊维菌素预混剂** 100g：0.6g **伊维菌素氧阿苯达唑粉** 100g：伊维菌素 0.2g+ 氧阿苯达唑 5g	2mg，猪 3mg。 **皮下注射：**一次量，每 1kg 体重，牛、羊 0.2mg；猪 0.3mg。 **混饲：**每1000kg饲料，猪 2g，连用 7 日。 **内服：**一次量，每 1kg 体重，羊 100mg（伊维菌素氧阿苯达唑粉）	水源。 ③注射剂仅限于皮下注射，因肌内、静脉注射易引起中毒反应。每个皮下注射点，不宜超过 10 毫升。 ④含甘油缩甲醛和丙二醇的伊维菌素注射剂，仅适用于牛、羊和猪。 ⑤预混剂仅用于猪，且体重不超过 100kg，不可用于其他动物。使用时要彻底混匀。 ⑥休药期：羊 35 日，猪 28 日（溶液、片剂）。牛、羊 35 日，猪 28 日；弃奶期 20 日（注射液）。猪 5 日（预混剂）。羊 35 日（伊维菌素氧阿苯达唑粉）
伊维菌素双羟萘酸噻嘧啶 Ivermectin and Pyrantel	**伊维菌素双羟萘酸噻嘧啶咀嚼片** 0.5g：伊维菌素 34μg+ 双羟萘酸噻嘧啶 81.5mg	通过清除犬心丝虫幼虫来预防犬心丝虫病，治疗和控制犬蛔虫（犬弓首蛔虫、狮弓蛔虫）病和钩虫（犬钩	①建议用于 6 周龄以上的犬。 ②在使用本品治疗前，应检查所有犬的心丝虫感染情况。在感染后一个月内（30 天）给药，

药物名称	制剂、规格	适应证、用法及用量	作用特点、注意事项
	1.0g：伊维菌素68μg+双羟萘酸噻嘧啶163mg 2.0g：伊维菌素136μg+双羟萘酸噻嘧啶326mg 4.0g：伊维菌素272μg+双羟萘酸噻嘧啶652mg	口线虫、狭头钩口线虫、巴西钩口线虫）病。 以本品计。**内服：**犬体重5.5kg以下，规格0.5g，1片，每月1次；犬体重5.5~11kg，规格1.0g，1片，每月1次；犬体重12~22kg，规格2.0g，1片，每月1次； 犬体重23~45kg，规格4.0g，1片，每月1次；犬体重45kg以上，不同规格片配合使用，每月1次	可清除犬心丝虫幼虫。本品对犬心丝虫成虫无效。 ③对感染犬首次使用本品之前，应除去犬体内的犬心丝虫成虫和微丝蚴。 ④应在服药后观察8小时，一旦出现不适症，立即联系兽医。 ⑤休药期：无
阿维菌素 Avermectin	**阿维菌素粉** 0.2% 1% 2% **阿维菌素片** 按阿维菌素B_1计算 2mg 5mg	大环内酯类抗寄生虫药。用于治疗家畜的线虫病、螨病和寄生性昆虫病。 以阿维菌素B_1计。 **皮下注射：**一次量，每1kg体重，羊0.2mg；猪0.3mg。	①本品性质不太稳定，特别对光线敏感，可迅速氧化灭活，应注意贮存和使用条件。 ②泌乳期禁用。 ③阿维菌素毒性较强，慎用。对虾、鱼及水生生物有剧毒，残存药物的包装品切勿污染水源。

续表

药物名称	制剂、规格	适应证、用法及用量	作用特点、注意事项
	伊维菌素注射液 按阿维菌素 B_1 计算 5ml∶50mg 25ml∶0.25g 50ml∶0.5g 100ml∶1g **乙酰氨基阿维菌素注射液** 5ml∶50mg 10ml∶0.1g 30ml∶0.3g 50ml∶0.5g **阿维菌素胶囊** 按阿维菌素 B_1 计算 2.5mg **阿维菌素透皮溶液** 按阿维菌素 B_1 计算，0.5% **乙酰氨基阿维菌素浇泼剂** 0.5% **阿维菌素氯氰**	**皮下注射**（乙酰氨基阿维菌素注射液）：一次量，每 1kg 体重，牛 0.2mg。 **内服**（粉、片剂、胶囊）：一次量，每 1kg 体重，羊、猪 0.3mg。 浇泼剂，以乙酰胺基阿维菌素计。**外用：**沿着奶牛的背脊从鬐甲到尾根渐渐倾注，每 1kg 体重，牛 0.5mg。**浇注或涂搽：**一次量，每 1kg 体重，牛、猪 0.5mg，由肩部向后沿背中线浇注。犬、兔，两耳耳部内侧涂搽。 **内服**（阿维菌素氯氰碘柳胺钠片）：一次量，每 1kg 体重，牛、	④注射剂仅限于皮下注射，因肌内、静脉注射易引起中毒反应。每个皮下注射点不宜超过 10 毫升。 ⑤含甘油缩甲醛和丙二醇的阿维菌素注射剂，仅适用于羊、猪，用于其他动物，特别是犬和马时易引起严重局部反应。 ⑥浇泼剂仅供家畜外用。不要应用到有疥癣、皮肤病损、有泥和粪便的区域。 ⑦如浇泼剂冻结，使用之前应完全解冻且充分摇匀。 ⑧避免儿童接触药物。 ⑨休药期：羊 35 日，猪 28 日（粉、片、注射液、胶囊）。牛 1 日；弃奶期 1 日（乙酰氨基阿维菌素注射液）。牛、猪 42 日（透皮溶

续表

药物名称	制剂、规格	适应证、用法及用量	作用特点、注意事项
	碘柳胺钠片 53mg（氯氰碘柳胺钠50mg+阿维菌素3mg）	羊0.3mg	液）。牛、羊35日（阿维菌素氯氰碘柳胺钠片）
多拉菌素 Doramectin	多拉菌素注射液 50ml∶0.5g 100ml∶1g	抗寄生虫类药。用于治疗家畜线虫病、螨病等外寄生虫病。 **肌内注射**：一次量，每1kg体重，猪0.3mg	①将本品置于儿童接触不到的地方。 ②使用时操作人员不应进食或吸烟，操作后要洗手。 ③在阳光照射下本品迅速分解灭活，应避光保存。 ④其残存药物对鱼类及水生生物有毒，应注意保护水源。 ⑤休药期：猪28日
氯硝柳胺 Niclosamide （灭绦灵）	氯硝柳胺片 0.5g 氯硝柳胺粉（水产用） 25% 复方氯硝柳胺片 210mg（氯硝柳胺200mg+盐酸左旋咪	抗蠕虫药。用于动物绦虫病、反刍动物前后盘吸虫感染。水产上作为清塘药，用于杀灭养殖池塘内钉螺、椎实螺和野杂鱼等。 **内服**：一次量，每1kg体重，牛40~60mg；羊	①动物在给药前，应禁食12小时。 ②与左旋咪唑合用，用以治疗犊牛和羔羊的绦虫与线虫混合感染；普鲁卡因合用可提高氯硝柳胺对小鼠绦虫的疗效。 ③对鱼类毒性很强。 ④犬对本品敏感，

3 抗寄生虫药

药物名称	制剂、规格	适应证、用法及用量	作用特点、注意事项
	唑 10mg）	60~70mg；犬、猫 80~100mg；禽 50~60mg。 复方氯硝柳胺片。以氯硝柳胺计，内服：一次量，每 1kg 体重，犬 100mg。空腹或与少许食物同服。 氯硝柳胺粉（水产用）。以氯硝柳胺计，使用前用适量水溶解并充分稀释后，全池泼洒：每 $1m^3$ 水体，0.31g。	不可过量服用。 ⑤水产用时不能与碱性药物混用。使用时现用现配。用完后的盛器不得随意丢弃，应妥善处置。 ⑥用药清塘 7 ~ 10 日试水，在确认无毒性后方可投放苗种。 ⑦休药期：牛、羊、禽 28 日（氯硝柳胺片）；鱼 500 度・日
硝氯酚 Niclofolan	硝氯酚片 0.1g 硝氯酚伊维菌素片 0.11g（硝氯酚 0.1g+ 伊维菌素 10mg）	抗蠕虫药。用于牛、羊片形吸虫病。与阿苯达唑或伊维菌素合用治疗家畜线虫病、吸虫病、绦虫病。 内服（硝氯酚片）：以硝氯酚计，一次量，每 1kg 体重，黄牛 3~7mg；水牛 1~	①治疗量对动物比较安全，过量引起的中毒症状（如发热、呼吸困难、窒息）可根据症状选用尼可刹米、毒毛花苷 K、维生素 C 等对症治疗，但禁用钙剂静注。 ②硝氯酚中毒时，静脉注射钙剂可增强毒性。

续表

药物名称	制剂、规格	适应证、用法及用量	作用特点、注意事项
		3mg；羊 3~4mg。 **内服**（硝氯酚伊维菌素片）：一次量，每 1kg 体重，牛、羊 3mg	③泌乳期、家畜妊娠前期 45 日内禁用。 ④休药期：牛、羊 28 日（硝氯酚片），35 日（硝氯酚伊维菌素片）
莫昔克丁 Moxidectin	**莫昔克汀浇泼溶液** 0.5%	用于治疗奶牛体内线虫和虱、蝇、蛆等体外寄生虫病。 **外用**：沿着奶牛背脊从鬐甲到尾根倾注，每千克体重 0.5mg	①仅供外用。不要应用到有疥癣、泥、粪便和病损的皮肤区域。 ②如产生冻结，使用前应完全解冻且充分摇匀。 ③避免儿童接触药物。 ④用完的药瓶及残留药液须安全处理（如掩埋等）。 ⑤休药期：弃奶期 0 日
多菌灵 Carbendazim	**多菌灵片** 0.225g **多菌灵粉** （1）1g ：0.5g （2）60g ：30g	苯并咪唑类驱虫药。用于治疗柞蚕线虫病和家蚕微粒子病。 **喷雾**：按 10L 冷开水加入多菌灵 2.1g 混匀，即将 14 片加少量水，充分研碎后加水 15kg，柞	①施药时要穿防护衣服，防止污染手、脸和皮肤。如有污染应及时清洗。操作时不要抽烟、喝水和吃东西。工作完毕及时清洗手、脸和皮肤。一旦中毒，可用阿托品解毒。

续表

药物名称	制剂、规格	适应证、用法及用量	作用特点、注意事项
		蚕上山（树）后遇雨7日内喷药1次，喷药量以叶面布满雾滴、叶尖和叶缘有少量药液滴下为止。 喷洒：临用前，取多菌灵粉60g，加水15L溶解。每亩桑园用本品300g。配制成溶液均匀喷洒于桑叶，喷药后次日至5日采桑用叶	②准确配药，现用现配，充分摇匀后使用。 ③喷药用具要清洁，禁止和农药混用；施药后各种工具要及时清洗，废弃包装应妥善处理。 ④喷药后2小时内如下雨，必须补喷1次。 ⑤休药期：无需制定
碘醚柳胺 Rafoxanide	碘醚柳胺粉 2.5% 碘醚柳胺片 50mg 碘醚柳胺混悬液 2%	抗寄生虫药。用于治疗牛、羊肝片吸虫病。 以碘醚柳胺计。内服：一次量，每1kg体重，牛、羊7~12mg。	①泌乳期禁用。 ②不得超量使用。 ③为彻底消除未成熟虫体，用药3周后，最好重复用药1次。 ④休药期：牛、羊60日
三氯苯达唑 Triclabendazole	三氯苯达唑片 0.1g 三氯苯达唑颗粒 10%	苯并咪唑类抗肝片吸虫药。主要用于防治牛、羊肝片吸虫感染。 内服：以三氯苯达唑计，一次	①产乳供人食用的牛、羊，在泌乳期不得使用。 ②对鱼类毒性较大，残留药物及容器切勿污染水源。

续表

药物名称	制剂、规格	适应证、用法及用量	作用特点、注意事项
		量，每1kg体重，牛12mg，羊10mg。治疗急性肝片吸虫病，应在5周后重复用药1次	③对药物过敏者，使用时应避免皮肤直接接触和吸入，用药时应戴手套，禁止饮食和吸烟，用药后应洗手。 ④休药期：牛、羊56日
吡喹酮 Praziquantel	吡喹酮粉 50% 吡喹酮预混剂（水产用） 2% 吡喹酮硅胶棒 0.5g 吡喹酮片 （1）0.1g （2）0.2g （3）0.5g	抗蠕虫药。主要用于动物血吸虫病，也用于绦虫病和囊尾蚴病。 内服：以吡喹酮计，一次量，每1kg体重，牛、羊、猪10~35mg；犬、猫2.5~5mg；禽10~20mg（片）。 埋置：每1kg体重100~200mg（吡喹酮硅胶棒）。 拌饵投喂（吡喹酮预混剂）：一次量，每1kg体重，鱼1~2mg，每3~4日1次，连续3次。	①4周龄以内幼犬和6周龄以内小猫慎用。 ②水产中用药前停食1日。团头鲂慎用。 ③吡喹酮硅胶棒必须由经过培训的人员进行埋植；埋植中要保证严格的无菌操作；有皮肤及全身疾病的犬禁用。 ④吡喹酮与非班太尔配伍的产品可用于各种年龄的犬猫，还可以安全用于怀孕的犬猫。 ⑤休药期：牛、禽28日，羊4日，猪5日；弃奶期7日（粉剂、片剂）。500度·日（水产用）

药物名称	制剂、规格	适应证、用法及用量	作用特点、注意事项
地芬尼泰 Diamfenetide	地芬尼泰混悬液 10%	抗蠕虫药。主要用于驱除家畜肝片形吸虫的童虫。 内服：每1kg体重，羊1g	①本品用于急性肝片形吸虫病时，最好与其他杀片形吸虫成虫药合用。做预防药应用时，最好间隔8周，再重复应用1次。 ②过量可引起动物视觉障碍和脱毛。 ③休药期：羊7日
复方非班太尔 Compound Febantel	复方非班太尔片	用于治疗宠物犬的线虫和绦虫感染，如犬弓首蛔虫、犬狮蛔虫、犬窄头钩虫、犬钩口线虫、毛首线虫、棘球绦虫、带绦虫、复孔绦虫等。 内服：一次量，每10kg体重，犬1片。每增加5kg体重，增食半片本品。可直接吞服或包于肉或食物中给药，无需禁食。 用于控制犬弓首蛔虫时，哺乳的母犬应在产后2周投药，且每	①仅用于2kg以上的宠物犬。 ②妊娠母犬可用，须严格按照推荐剂量使用。 ③勿与哌嗪类药物同时使用。 ④勿让儿童接触本品。 ⑤工作人员投药后应洗手。药片使用后的剩余部分勿留用。 ⑥休药期：不需要制定

续表

药物名称	制剂、规格	适应证、用法及用量	作用特点、注意事项
		2周给药1次至断奶。幼犬也应在2周龄时给药，且每2周给药1次至12周龄，随后每3个月给药1次。建议在给母犬投药的同时也给幼犬投药。 对于线虫感染严重的犬，应在首次投药2周后再重复给药1次。 成年犬例行驱虫，每3个月1次	

3.2 抗原虫药物

抗原虫药可分为抗球虫药、抗锥虫药和抗梨形虫药。

3.2.1 抗球虫药

抗球虫药的种类很多，作用峰期（指药物对球虫发育起作用的主要阶段）各不相同。作用于第一代无性增殖的药物，预防性强，但不利于动物形成对球虫的免疫力。作用于第二代裂殖体的药物，既有治疗作用又对动物抗球虫免疫力的形成影响不大。

不论何种抗球虫药，长期反复使用均可诱发明显的耐药性。抗球虫药通常采用轮换用药、穿梭用药或联合用药等方式，但不得采用加大剂量的办法以避免耐药性，因为加大剂量不仅会增强毒副作用，而且还影响对球虫免疫力的形成，甚至造成药物在可食性组织残留。

药物名称	制剂、规格	适应证、用法及用量	作用特点、注意事项
地克珠利 Diclazuril	地克珠利颗粒 100g ∶ 1g 地克珠利溶液 0.5% 地克珠利预混剂 0.2% 0.5% 5% 地克珠利预混剂（水产用） 100g ∶ 0.2g 100g ∶ 0.5g	抗球虫药。用于预防家禽球虫病。 混饮：每 1L 水，鸡 1.7~3.4mg（颗粒剂）。 混饮：每 1L 水，鸡 0.5~1mg（溶液）。 混饲：以地克珠利计，每 1000kg 饲料，禽、兔 1g。 拌饵投喂：一日量，每 1kg 体重，鱼 2~2.5g。连用 5~7 日	①可在商品饲料和养殖过程中使用。 ②药效期短，停药 1 日，抗球虫作用明显减弱，2 日后作用基本消失。因此，必须连续用药以防球虫病再度暴发。 ③长期使用易出现耐药性。 ④本品溶液的饮水液稳定期仅为 4 小时，必须现用现配，否则影响疗效。操作人员在使用时，应避免与人的皮肤、眼睛接触。 ⑤地克珠利预混剂混料浓度极低，药料应充分拌匀，否则影响疗效。 ⑥产蛋供人食用的鸡，在产蛋期不

续表

药物名称	制剂、规格	适应证、用法及用量	作用特点、注意事项
			得使用。 ⑦休药期：鸡5日（颗粒、溶液）；鸡5日，兔14日（预混剂）。500度·日（预混剂）
托曲珠利 Toltrazuril	**托曲珠利混悬液** 按 $C_{18}H_{14}F_3N_3O_4S$ 计算 5% **托曲珠利溶液** 2.5%	抗球虫药。用于预防仔猪、鸡和犊牛的球虫病。 **内服：**以 $C_{18}H_{14}F_3N_3O_4S$ 计，一次量，犊牛，每千克体重15mg；3~5日龄的仔猪，每千克体重20mg。 **混饮：**以托曲珠利计，每1L水，鸡25mg，1日1次，连用2日	①使用前充分摇匀。 ②请勿用于已知对本品过敏的动物。勿用于体重超过80kg以上的牛和育肥期犊牛。蛋鸡开产前4周及产蛋期禁用。 ③请将本品放于远离小孩及食品处。 ④本品开盖后请于3个月内使用完毕。 ⑤同栏犊牛建议同时全部用药。对因感染球虫已出现下痢的犊牛，应进行其他辅助性（对症性）治疗。 ⑥托曲珠利的主要代谢产物为托曲珠利砜，该成分稳定（半衰期>1年）而且能溶于土壤中，

药物名称	制剂、规格	适应证、用法及用量	作用特点、注意事项
			该成分对植物有毒性。对用药后牛的粪便，应用至少3倍重量的未用药牛粪便进行稀释后才能排泄到土壤中。 ⑦稀释后的药液超过48小时不宜给鸡饮用。过量服用会导致饮用水摄入减少。药液稀释超过1000倍可能会析出结晶而影响药效。但过高的浓度会影响鸡的饮水量。 ⑧休药期：犊牛63日，仔猪77日。鸡16日
莫能菌素 Monensin	**莫能菌素预混剂** 100g : 10g（1000万单位） 100g : 20g（2000万单位） 100g : 40g（4000万单位）	抗球虫药。用于预防鸡球虫病。辅助缓解奶牛酮病症状，提高产奶量。 以莫能菌素计。**混饲：**每1000kg饲料，鸡90~110g。辅助缓解奶牛酮病症状，**混饲：**奶牛（泌乳期），	①本品用于防治鸡球虫病时可在商品饲料和养殖过程中使用。禁止与泰妙菌素、竹桃霉素同时使用，以免发生中毒。 ② 10周龄以上火鸡、珍珠鸡及鸟类对本品较敏感，不宜应用；产蛋供人食用的鸡或其他

续表

药物名称	制剂、规格	适应证、用法及用量	作用特点、注意事项
		一日量，每头150~450mg	禽类，在产蛋期不得使用。超过16周龄鸡禁用。 ③饲喂前必须将莫能菌素与饲料混匀，禁止直接饲喂未经稀释的莫能菌素。 ④搅拌配料时防止与人的皮肤、眼睛接触。 ⑤马属动物禁用。 ⑥休药期：鸡5日
盐霉素 Salinomycin	**盐霉素预混剂** 100g：10g（1000万单位） 100g：12g（1200万单位） 100g：24g（2400万单位） **盐霉素钠预混剂** （1）100g：10g（1000万单位） （2）500g：50g（5000万单位）	抗球虫药，用于禽球虫病。 **混饲：**以盐霉素计，每1000kg饲料，鸡60g	①可在商品饲料和养殖过程中使用。 ②禁与泰妙菌素、竹桃霉素及其他抗球虫药配伍使用。 ③本品安全范围较窄，应严格控制混饲浓度。 ④对成年火鸡、鸭和马属动物毒性大，禁用。 ⑤产蛋供人食用的鸡，在产蛋期不得使用 ⑥休药期：鸡5日
甲基盐霉素 Narasin	**甲基盐霉素预混剂**	用于防治鸡球虫病。	①使用时必须精确计算用量。

续表

药物名称	制剂、规格	适应证、用法及用量	作用特点、注意事项
(那拉菌素)	10% **甲基盐霉素尼卡巴嗪预混剂** 100g:甲基盐霉素 8g+ 尼卡巴嗪 8g	混饲:以甲基盐霉素计。每 1000kg 饲料,鸡 60~80g(甲基盐霉素预混剂)。 混饲:以本品计,每 1000kg 饲料,肉鸡 375~625g(甲基盐霉素尼卡巴嗪预混剂)	②禁与泰妙菌素、竹桃霉素合用。 ③限用于肉鸡,蛋鸡、火鸡及其他鸟类不宜使用;马属动物禁用。 ④甲基盐霉素对鱼类毒性较大,防止用药后的鸡粪及残留药物的用具污染水源。 ⑤操作人员须注意防护,应戴手套和口罩,如不慎溅入眼睛,需立即用水冲洗。 ⑥可在商品饲料和养殖过程中使用。 ⑦休药期:鸡 5 日(甲基盐霉素预混剂、甲基盐霉素尼卡巴嗪预混剂)
马度米星 Maduramicin (马杜霉素、马度米星铵)	**马度米星铵预混剂** 1% 10% **马度米星铵尼卡巴嗪预混剂** 500g:马度米星 2.5g+	抗球虫药。用于预防鸡球虫病。 **混饲**:以马度米星计,每 1000kg 饲料,鸡 5g(马度米星铵预混剂)。	①产蛋供人食用的鸡,在产蛋期不得使用。 ②用药时必须精确计量,并使药料充分搅匀,勿随意加大使用浓度。 ③鸡喂马度米星后的粪便切勿加工

兽医临床用药指南

续表

药物名称	制剂、规格	适应证、用法及用量	作用特点、注意事项
	尼卡巴嗪62.5g **复方马度米星铵预混剂** 100g：马度米星0.75g+尼卡巴嗪8g	**混饲：**以马度米星计，每1000kg饲料，鸡2.5g，连用5~7日（马度米星铵尼卡巴嗪预混剂）。 **混饲：**以马度米星计，每1000kg饲料，鸡3.75g，连用5~7日（复方马度米星铵预混剂）	成做动物饲料，否则会引起中毒，甚至死亡。 ④马度米星的毒性较大，安全范围窄，7mg/kg混饲即可引起鸡中毒，甚至死亡，不宜过量使用。高温季节慎用。 ⑤可在商品饲料和养殖过程中使用。 ⑥休药期：鸡5日（马度米星铵预混剂）。鸡7日（马度米星铵尼卡巴嗪预混剂）
拉沙洛西 Lasalocid	**拉沙洛西钠预混剂** 15% 20%	用于预防肉鸡球虫病。 **混饲：**每1000kg饲料，肉鸡75~125g。	①应根据球虫感染严重程度和疗效及时调整用药浓度。 ②严格按规定浓度使用，饲料中药物浓度超过150mg/kg（以拉沙洛西钠计）会导致鸡生长抑制和中毒。高浓度混料对饲养在潮湿鸡舍的雏鸡，能呈加热应激反应，使死亡率增高。 ③拌料时应注意

续表

药物名称	制剂、规格	适应证、用法及用量	作用特点、注意事项
			防护。避免本品与眼、皮肤接触。 ④马属动物禁用。 ⑤可在商品饲料和养殖过程中使用。 ⑥休药期：肉鸡3日
海南霉素 Hainanmycin	**海南霉素钠预混剂** 100g ∶ 1g（100万单位） 100g ∶ 2g（200万单位）	聚醚类抗球虫药。用于防治鸡球虫病。 **混饲：**以海南霉素计，每1000kg饲料，鸡5~7.5g。	①鸡使用海南霉素后的粪便切勿用作其他动物饲料，更不能污染水源。 ②仅用于鸡，其他动物禁用。 ③产蛋供人食用的鸡，在产蛋期不得使用。 ④可在商品饲料和养殖过程中使用 ⑤休药期：鸡7日
赛杜霉素 Semduramicin （赛杜霉素钠）	**赛杜霉素钠预混剂** 100g ∶ 5g（500万单位）	赛杜霉素属单价糖苷聚醚类离子载体抗球虫药。对鸡堆型、巨型、布氏、柔嫩以及和缓艾美耳球虫等均有良好的效果。对其他非离子载体类抗球虫药产生耐药性	①仅用于鸡，其他动物禁用。 ②产蛋供人食用的鸡，在产蛋期不得使用。 ③休药期：鸡5日

药物名称	制剂、规格	适应证、用法及用量	作用特点、注意事项
		的虫株亦敏感。 **混饲：**每1000kg饲料，鸡25g	
二硝托胺 Dinitolmide	**二硝托胺预混剂** 25%	抗球虫药，用于鸡球虫病。 **混饲：**以二硝托胺计，每1000kg饲料，鸡125g	①停药过早，常致球虫病复发，因此肉鸡宜连续应用。 ②二硝托胺粉末颗粒的大小会影响抗球虫作用，应为极微细粉末。 ③饲料中添加量超过250mg/kg（以二硝托胺计）时，若连续饲喂15日以上可抑制雏鸡增重。 ④产蛋供人食用的鸡，在产蛋期不得使用。 ⑤可在商品饲料和养殖过程中使用。 ⑥休药期：鸡3日
尼卡巴嗪 Nicarbazin	**尼卡巴嗪预混剂** 25%	抗球虫药。用于预防鸡球虫病。 **混饲：**以尼卡巴嗪计，每1000kg饲料，鸡100~125g	①夏季高温季节慎用。 ②蛋鸡和种鸡禁用。 ③鸡球虫病暴发时禁用作治疗。 ④可在商品饲料

药物名称	制剂、规格	适应证、用法及用量	作用特点、注意事项
			和养殖过程中使用。 ⑤休药期：鸡 4 日
氨丙啉 Amprolium	盐酸氨丙啉乙氧酰胺苯甲酯预混剂 1000g：盐酸氨丙啉 250g+乙氧酰胺苯甲酯 16g 盐酸氨丙啉乙氧酰胺苯甲酯磺胺喹噁啉预混剂 1000g：盐酸氨丙啉 200g+乙氧酰胺苯甲酯 10g+磺胺喹噁啉 120g 盐酸氨丙啉乙氧酰胺苯甲酯磺胺喹噁啉可溶性粉 100g：盐酸氨丙啉 20g+乙氧酰胺苯甲酯 1g+	抗球虫药。用于鸡球虫病 混饲：以本品计，每 1000kg 饲料，鸡 500g（盐酸氨丙啉乙氧酰胺苯甲酯预混剂、盐酸氨丙啉乙氧酰胺苯甲酯磺胺喹噁啉预混剂）。 混饮：以本品计，每 1L 水，鸡 0.25g，连用 5 日（盐酸氨丙啉乙氧酰胺苯甲酯磺胺喹噁啉可溶性粉）。 混饮：以本品计，每 1L 水，鸡 0.5g，连用 3~5 日（盐酸氨丙啉磺胺喹噁啉钠可溶性粉）	①可在商品饲料和养殖过程中使用。 ②产蛋供人食用的鸡，在产蛋期不得使用。 ③饲料中的维生素 B_1 含量在 10mg/kg 以上时，能对预混剂的抗球虫作用产生明显的拮抗作用。 ④连续饲喂（盐酸氨丙啉乙氧酰胺苯甲酯磺胺喹噁啉预混剂）不得超过 5 日，连续使用（盐酸氨丙啉磺胺喹噁啉钠可溶性粉）不得超过 1 周。 ⑤休药期：鸡 3 日（盐酸氨丙啉乙氧酰胺苯甲酯预混剂）；鸡 7 日（盐酸氨丙啉乙氧酰胺苯甲酯磺胺喹噁啉预混剂、盐酸氨丙啉磺胺喹噁啉钠可

续表

药物名称	制剂、规格	适应证、用法及用量	作用特点、注意事项
	磺胺喹噁啉 12g **盐酸氨丙啉磺胺喹噁啉钠可溶性粉** 100g：盐酸氨丙啉 7.5g+ 磺胺喹噁啉钠 4.5g		溶性粉）；鸡 13 日（盐酸氨丙啉乙氧酰胺苯甲酯磺胺喹噁啉可溶性粉）
乙氧酰胺苯甲酯 Ethopabate	见氨丙啉	广谱抗球虫药。盐酸氨丙啉与磺胺喹噁啉或乙氧酰胺苯甲酯合用，可扩大抗球虫范围，增强疗效。 **用法与用量：**见氨丙啉	见氨丙啉
氯苯胍 Robenidine	**盐酸氯苯胍预混剂** 10% **盐酸氯苯胍片** 10mg **盐酸氯苯胍粉（水产用）** 50%	抗球虫及原虫药。用于禽、兔球虫病以及治疗鱼类孢子虫病。 **混饲：**每 1000kg 饲料，鸡 30~60g；兔 100~150g。 **内服：**以盐酸氯苯胍计，一次量，每 1kg 体重，	①产蛋供人食用的鸡，在产蛋期不得使用。 ②可在商品饲料和养殖过程中使用。长期或高浓度（60mg/kg 饲料）混饲，可引起鸡肉、鸡蛋异臭。但较低浓度（<30mg/kg 饲料）不会产生上述现象。

3 抗寄生虫药

续表

药物名称	制剂、规格	适应证、用法及用量	作用特点、注意事项
		鸡、兔10~15mg。 **拌饵投喂：**一次量，每1kg体重，鱼20mg，苗种减半，连用3~5日	③应用本品防治某些球虫病时停药过早，常导致球虫病复发，应连续用药。 ④搅拌均匀，严格按照推荐剂量使用。 ⑤斑点叉尾鮰慎用。 ⑥休药期：鸡5日，兔7日（片剂、预混剂），鱼500度·日
氯羟吡啶 Clopidol	**氯羟吡啶预混剂** 25%	抗球虫药。主要用于预防禽、兔球虫药。 **混饲：**每1000kg饲料，鸡125g，兔200g	①可在商品饲料和养殖过程中使用。 ②产蛋供人食用的鸡，在产蛋期不得使用。 ③本品能抑制鸡对球虫产生免疫力，停药过早易导致球虫病暴发。 ④后备鸡群可以连续喂至16周龄。 ⑤对本品产生耐药球虫的鸡场，不能换用喹啉类抗球虫药，如癸氧喹酯等。 ⑥休药期：鸡5

续表

药物名称	制剂、规格	适应证、用法及用量	作用特点、注意事项
			日，兔 5 日
癸氧喹酯 Decoquinate	**癸氧喹酯预混剂** 6% **癸氧喹酯干混悬剂** （1）3% （2）6%	抗球虫药，用于预防由各种球虫引起的鸡的球虫病。 **混饲：**以癸氧喹酯计，每1000kg饲料，鸡 27.2g，连用 7~14 日。 **混饮：**以癸氧喹酯计，每 1L 水，鸡 0.015~0.03g，连用 7 天	①不能用于含皂土的饲料中。 ②本品水溶液长期放置后会有轻微沉淀，故需将全天用药量集中到 6 小时内饮完。 ③产蛋供人食用的鸡，在产蛋期不得使用。 ④休药期：鸡 5 日
磺胺喹噁啉 Sulfaquinoxa-line	**磺胺喹噁啉钠可溶性粉** 5% 10% 30% **磺胺喹噁啉钠溶液** 100ml : 5g **复方磺胺喹噁啉钠可溶性粉** 100g ：磺胺喹噁啉钠 15g+ 甲氧苄啶 5g	抗球虫药。用于治疗禽球虫病。 **混饮**（磺胺喹噁啉钠可溶性粉）：以磺胺喹噁啉钠计，每 1L 水，鸡 0.3~0.5 g。 **混饮**（磺胺喹噁啉钠溶液）：以磺胺喹噁啉钠计，每 1L 水，鸡 0.25~0.5g。连用 3~5 日（溶液）。	①产蛋供人食用的鸡，在产蛋期不得使用。 ②连续用药不宜超过 1 周。 ③饲料中的维生素 B_1 含量在 10mg/kg 以上时，能对盐酸氨丙啉乙氧酰胺苯甲酯磺胺喹噁啉预混剂的抗球虫作用产生明显的拮抗作用。 ④休药期：鸡 10 日（可溶性粉、溶液、磺胺喹噁啉二甲氧苄啶）

药物名称	制剂、规格	适应证、用法及用量	作用特点、注意事项
	复方磺胺喹噁啉溶液 100ml：磺胺喹噁啉20g+甲氧苄啶4g **磺胺喹噁啉二甲氧苄啶预混剂** 100g：磺胺喹噁啉20g+二甲氧苄啶4g	**混饮**（复方磺胺喹噁啉钠可溶性粉）：以磺胺喹噁啉钠计，每1L水，鸡0.15g。连用3~5日。 **混饮**（复方磺胺喹噁啉溶液）：以磺胺喹噁啉钠计，每1L水，鸡0.2~0.4g。连用3~5日。 **混饲**（磺胺喹噁啉二甲氧苄啶预混剂）：以本品计，每1000kg饲料，鸡500g	
磺胺氯吡嗪钠 Sulfachloropyrazine	**磺胺氯吡嗪钠可溶性粉** 10% 20% 30% **磺胺氯吡嗪钠可溶性粉**（赛鸽用） 5g：1.5g	抗球虫药。用于治疗羊、鸡、兔、赛鸽球虫病。 **混饮**（磺胺氯吡嗪钠可溶性粉）：以磺胺氯吡嗪钠计，每1L水，肉鸡、火鸡0.3g连用3	①产蛋供人食用的鸡或禽，在产蛋期不得使用。 ②连续用药不宜超过5日。饮水给药连续饮用不得超过5日。 ③不得在饲料中添加长期使用。 ④赛鸽用时不宜

续表

药物名称	制剂、规格	适应证、用法及用量	作用特点、注意事项
	磺胺氯吡嗪钠胶囊（赛鸽用） 20mg **磺胺氯吡嗪钠二甲氧苄啶溶液** 100ml：磺胺氯吡嗪钠15g+二甲氧苄啶3g **复方磺胺氯吡嗪钠预混剂** 100g：磺胺氯吡嗪钠20g+二甲氧苄啶4g **磺胺氯吡嗪钠甲氧苄啶可溶性粉** 100g：磺胺氯吡嗪钠20g+甲氧苄啶4g	日；赛鸽0.75g，连用5日。 **混饮**（磺胺氯吡嗪钠二甲氧苄啶溶液）：每1L水，鸡0.15~0.3g，连用3~5日。 **混饲**：每1000kg饲料，肉鸡、火鸡600g，连用3日，兔600g，连用5~10日。 **混饲**（复方磺胺氯吡嗪钠预混剂）：每1000kg饲料，鸡200g，连用3日。 **内服**：每1kg体重，羊1.2ml（配成10%水溶液），连用3~5日。胶囊蘸水塞入，赛鸽，每羽每次1~2粒。每日2次，连用3~5日。	与维生素B_1、叶酸等同时使用，同时补充维生素A和维生素K有助于病体康复。 ⑤腹泻脱水鸽应注意同时补充电解质，连续使用不得超过1周。产蛋鸽慎用。 ⑥休药期：火鸡4日，肉鸡1日，羊、兔28日（可溶性粉）。鸡10日（磺胺氯吡嗪钠二甲氧苄啶溶液）。火鸡4日，肉鸡1日（复方磺胺氯吡嗪钠预混剂）。鸡9日（磺胺氯吡嗪钠甲氧苄啶可溶性粉）

药物名称	制剂、规格	适应证、用法及用量	作用特点、注意事项
		混饮（磺胺氯吡嗪钠甲氧苄啶可溶性粉）：每1L水，鸡1~1.5g，连用3~5日	

3.2.2 抗锥虫药

应用本类药物治疗锥虫病时应注意：①剂量要充足，用量不足会导致未被杀死的锥虫逐渐产生耐药性。②防止动物过早使役，以免引起锥虫病复发。③治疗伊氏锥虫病可同时配合使用两种以上药物，或者一年内轮换使用不同药物，以避免产生耐药虫株。

药物名称	制剂、规格	适应证、用法及用量	作用特点、注意事项
三氮脒 Diminazene Aceturate	**注射用三氮脒** 0.25g 1g	抗原虫药。用于家畜巴贝斯梨形虫病、泰勒梨形虫病、伊氏锥虫病和媾疫锥虫病。 **肌内注射**：以三氮脒计，一次量，每1kg体重，马3～4mg；牛、羊3～5mg。临用前配成5%～7%溶液	①本品毒性大、安全范围较小。应严格掌握用药剂量，不得超量使用。 ②骆驼敏感，通常不用；马较敏感，慎用；超量应用可使乳牛产奶量减少。 ③水牛不宜连用，一次即可；其他家畜必要时可连用，但须间隔24小

续表

药物名称	制剂、规格	适应证、用法及用量	作用特点、注意事项
			时，不得超过3次。 ④局部注射有刺激性，可引起肿胀，应分点深层肌内注射。 ⑤休药期：牛、羊28日；弃奶期7日
喹嘧胺 Quinapyramine	**注射用喹嘧胺** 500mg：喹嘧氯胺286g+甲硫喹嘧胺214g	抗锥虫药。用于家畜锥虫病。 **肌内、皮下注射**：一次量，每1kg体重，马、牛、骆驼4~5mg。临用前配成10%水悬液	①本品毒性大、安全范围较小。应严格掌握用药剂量，不得超量使用。 ②骆驼敏感，通常不用；马较敏感，慎用；超量应用可使乳牛产奶量减少。 ③水牛不宜连用，一次即可；其他家畜必要时可连用，但须间隔24小时，不得超过3次。 ④局部注射有刺激性，可引起肿胀，应分点深层肌内注射。 ⑤休药期：牛、羊28日；弃奶期7日

3.2.3 抗梨形虫药

药物名称	制剂、规格	适应证、用法及用量	作用特点、注意事项
青蒿琥酯 Artesunate	青蒿琥酯片 500mg	抗原虫药。主要用于牛泰勒梨形虫病。 **内服**：一次量，每1kg体重，牛5mg，首次剂量加倍。一日2次，连用2~4日。	①本品对实验动物有明显胚胎毒性作用，孕畜慎用。 ②休药期：无需制定
盐酸吖啶黄 Acriflavine Hydrochloride	盐酸吖啶黄注射液 （1）10ml：50mg （2）50ml：0.25g （3）100ml：0.5g	抗原虫药。用于梨形虫病。 **静脉注射**：常用量，一次量，每1kg体重，马、牛3~4mg；羊、猪3mg。极量，一次量，马、牛2g；羊、猪0.5g	①缓慢注射，勿漏出血管。重复使用应间隔24~48小时。 ②休药期：无需制定

3.3 杀虫药

目前国内应用的主要是有机磷类、拟除虫菊酯及双甲脒等。另外，阿维菌素类亦广泛用于驱除动物体表寄生虫。一般说来，所有杀虫药对哺乳动物都有一定的毒性，选择性较低，甚至按推荐剂量使用也会出现程度不同的不良反应。因此，在选用杀虫药时，尤应注意其安全性，不可直接将农药用作杀虫药。应用时，除严格掌握剂量、浓度和使用方法外，还需要加强动物的饲养管理，注意人、畜的防护，并妥善处理包装杀虫药的容器及残存药液。

药物名称	制剂、规格	适应证、用法及用量	作用特点、注意事项
二嗪农 Dimpylate	**二嗪农溶液** 25% 60% **二嗪农项圈** 15%	杀虫药。用于驱杀家畜的体表寄生虫蜱、螨、虱，以及犬猫体表蚤和虱。 **药浴：**绵羊，每1L水加0.25g（初液）或0.75g（补充液）；牛，每1L水加0.625g（初液）或1.5g（补充液）。 犬、猫，一次1条，使用期4个月。将项圈套于犬、猫颈部，以能插入一指头之空隙为其松紧度，剪去多余的部分	①二嗪农对禽、猫及蜜蜂毒性较大，慎用。畜禽中毒时可用阿托品解毒。 ②药浴时必须精确计量药液浓度，动物全身浸泡时间以1分钟为宜。为提高对猪疥癣病的治疗效果，可用软刷助洗。 ③须长期佩戴此项圈，洗澡时无需取下项圈。如发生皮肤过敏现象，请立即取下项圈。 ④置于儿童不可触及处，并远离食品。 ⑤操作结束后请洗手，不能将药品抛弃于池塘或河流等水源中。 ⑥禁止与其他有机磷化合物和胆碱酯酶抑制剂同时使用。 ⑦休药期：牛、羊、猪14日；弃奶期72小时

续表

药物名称	制剂、规格	适应证、用法及用量	作用特点、注意事项
巴胺磷 Propetamphos	巴胺磷溶液 40%	杀虫药。用于杀灭绵羊体外寄生虫螨、虱、蜱等。 **药浴或喷淋**：每1000L水，羊200mg	①对严重感染的羊，药浴时最好辅助人工擦洗，数日后再药浴1次，效果更好。 ②禁止与其他有机磷化合物和胆碱酯酶抑制剂合用。 ③对家禽、鱼类具明显毒性。畜禽中毒可用阿托品解毒。 ④休药期：羊14日
蝇毒磷 Coumafos	蝇毒磷溶液 0.1% 16% 蝇毒磷溶液（蚕用） 500g ∶ 80g	杀虫药。用于防治牛皮蝇蛆、蜱、螨、虱和蝇等外寄生虫病，杀灭柞蚕体内寄生的蝇蛆。 **外用**：牛，羊，按1∶（2～5）稀释，配成0.02%～0.05%的乳剂。 **蚕用**：临用前，按1∶（320~800）稀释，配成0.02%~0.05%的药液。药浴：蚕眠起	①禁止与其他有机磷化合物以及胆碱酯酶抑制剂合用。 ②本品易燃，有毒，不得近火，严禁与食物、种子、饲料混放。 ③如发生人、畜中毒，可用阿托品或解磷定解毒，或遵医嘱。 ④阴雨天不能浸蚕。 ⑤用药后蚕蛹禁止食用。 ⑥休药期：28日。

续表

药物名称	制剂、规格	适应证、用法及用量	作用特点、注意事项
		5~8 日内，将蚕连同剪下的少量枝叶，在配好的药液中浸 10 秒	蚕无需制定
马拉硫磷 Malathion	精致马拉硫磷溶液 20% 45% 70%	杀虫药。用于杀灭体外寄生虫。 药浴或喷雾：配成 0.2%~0.3% 的水溶液	①本品不可与碱性物质或氧化物质接触。 ②本品对眼睛、皮肤有刺激性；对蜜蜂有剧毒，对鱼类毒性也较大，畜禽中毒时可用阿托品解毒。 ③ 1 月龄以内的动物禁用。 ④家畜体表用马拉硫磷后数小时内应避日光照射和风吹；必要时隔 2 ~ 3 周可再药浴或喷雾 1 次。 ⑤休药期：28 日
敌敌畏 Dichlorvos	敌敌畏项圈 13g ∶ 0.6g（猫用） 25g ∶ 2.25g（犬用）	有机磷类杀虫药。用于驱杀犬、猫的体表蚤和虱。 将项圈系在犬、猫颈部。每只犬、猫 1 条，使用期 2 个月	①本品仅限宠物外用，病弱者以及妊娠和哺乳期慎用。 ②使用时调节适当大小，扣好，多余部分剪去或固定。 ③勿让犬、猫舔项圈，洗浴时取下。

3 抗寄生虫药

续表

药物名称	制剂、规格	适应证、用法及用量	作用特点、注意事项
			④禁止儿童接触项圈。 ⑤休药期：无需制定
辛硫磷 Phoxim	辛硫磷浇泼溶液 500ml∶200g 辛硫磷溶液（水产用） 100ml∶10g 100ml∶20g 100ml∶40g	有机磷酸酯类杀虫药。用于驱杀猪螨、虱、蜱等体外寄生虫。水产上用于杀灭或驱除寄生于青鱼、草鱼、鲢、鳙、鲤、鲫和鳊等鱼体上的中华鳋、锚头鳋、鲺、鱼虱、三代虫、指环虫、线虫等寄生虫。 外用：每1kg体重，猪300mg。沿猪脊背从两耳浇淋到尾根（耳部感染严重者，可在每侧耳内另外浇淋76mg）。 全池均匀泼洒：用水充分稀释后，每1m^{3}水体，10～12mg	①禁与强氧化剂、碱性药物合用。 ②禁止与其他有机磷化合物和胆碱酯酶抑制剂合用。 ③避免与操作人员的皮肤和黏膜接触。 ④妥善存放保管，避免儿童和动物接触。使用后的废弃物应妥善处理，避免污染河流、池塘及下水道。 ⑤虾、蟹、无鳞鱼、淡水白鲳和鳜禁用，鲌、鮰和鲷慎用。在水体缺氧时不得使用。 ⑥水质较瘦，透明度高于30cm时，按低剂量使用，苗种按低限剂量减半。水深超过1.8m时，应慎用，以免用药后池底药物浓度过高。

药物名称	制剂、规格	适应证、用法及用量	作用特点、注意事项
			⑦春秋季节或水温低时按低限剂量使用。 ⑧休药期：猪 14 日。500 度·日
甲基吡啶磷 Azamethiphos	甲基吡啶磷可湿性粉 -50 50% 甲基吡啶磷可湿性粉 -10 100g：[甲基吡啶磷可湿性粉 -50]20g+[9- 二十三碳烯]0.05g	杀虫药。用于控制动物厩舍内蝇等昆虫。 涂布（甲基吡啶磷可湿性粉 -50）：取本品 50g 与糖 200g 加温水适量调成糊状，每 $200m^2$ 涂 30 点。 涂布（甲基吡啶磷可湿性粉 -10）：取本品 250g 充分混合于 200ml 温水中调成糊状，每 $200m^2$ 涂 30 点	①使用时应避免与皮肤和黏膜接触。 ②本品及其废弃物应注意不能污染河流、池塘及下水道。 ③远离儿童和动物。 ④有蜂群处严禁使用。 ⑤紧急救助。吸入中毒：转移到新鲜空气环境中；皮肤接触或溅入眼中：立即用大量水清洗。误食：大量饮水并服用大量活性炭。 ⑥药物加水稀释后应当日用完。混悬液停放 30 分钟后，宜重新搅拌均匀后应用
氰戊菊酯 Fenvalerate	氰戊菊酯溶液 5%	杀虫药。用于驱杀畜禽外寄生	①配置溶液时，水温以 12℃为宜，

续表

药物名称	制剂、规格	适应证、用法及用量	作用特点、注意事项
	20% **氰戊菊酯溶液**（水产用） 100ml ：2g 100ml ：8g 100ml ：14g	虫，如螨、虱、蚤等，水产上用于杀灭或驱除青鱼、草鱼、鲢、鳙、鲫、鳊、黄鳝、鳜和鲇等鱼类水体及体表锚头鳋、中华鳋、鱼虱、鲺、三代虫、指环虫等寄生虫。 **喷雾**：以氰戊菊酯计，加水以1：（5000~10000）稀释。 水产用，使用时用水充分稀释。 **全池均匀泼洒**：一次量，在水温15~25℃时，每$1m^3$水体，1.5mg；在水温25℃以上时，每$1m^3$水体，3mg。病情严重可隔日重复使用1次	如水温超过25℃会降低药效，水温超过50℃时则失效。 ②避免使用碱性水，并忌与碱性药物合用，以防药液分解失效。 ③本品对蜜蜂、鱼、虾、家蚕毒性较强，使用时不要污染河流、池塘、桑园、羊蜂场所。 ④水产上用时，缺氧水体禁用。虾、蟹和鱼苗禁用。使用前24小时和用药后72小时内不得使用消毒剂。严禁同其他药物合用。应妥善存放，废弃包装应妥善处理。 ⑤休药期：28日。500度·日
溴氰菊酯 Deltamethrin	**溴氰菊酯溶液**（水产用）	杀虫药。用于杀灭或驱杀水产	①缺氧水体禁用。 ②虾、蟹和鱼苗

续表

药物名称	制剂、规格	适应证、用法及用量	作用特点、注意事项
	100g：1g 100g：2.5g 100g：3.8g **溴氰菊酯溶液** 100ml ： 5g	养殖的寄生虫以及防治牛、羊体外寄生虫病。如青鱼、草鱼、鲢鱼、鳙、鲫、鳊、黄鳝、鳜和鲇等鱼体上的中华鳋、猫头鳋、鲺、鱼虱、三代虫、指环虫等寄生虫以及牛、羊的疥螨、蜱、虱、蝇、虻等。 **全池均匀泼洒：**以溴氰菊酯计，使用时将本品用水充分稀释后，一次量，每 1m^3 水体，0.15mg~0.22mg。 **药浴：**以溴氰菊酯计，每1L水，牛、羊5~15mg（预防），30~50mg（治疗）	禁用。 ③使用本品前24小时和用药后72小时内不得使用消毒剂。 ④严禁同其他药物合用。 ⑤本品应妥善存放保管，使用后的废弃物应妥善处理。 ⑥有机磷杀虫剂能降低溴氰菊酯的代谢率，增强其毒性，避免与有机磷杀虫剂联合使用。 ⑦本品对皮肤/黏膜/眼睛/呼吸道有刺激性，特别是对大面积皮肤病或组织损伤者更为严重，用时应注意防护。 ⑧对鱼类等冷血动物毒性较大，残余药液勿倾入池塘或河流。蜜蜂、家禽亦敏感。用完的容器应彻底冲洗并安全抛弃。对塑料制品有腐蚀性。0℃以下易析出结晶。

药物名称	制剂、规格	适应证、用法及用量	作用特点、注意事项
			⑨休药期：500度·日，28日（溶液）
氟胺氰菊酯 Tau-Fluvalinate	氟胺氰菊酯条 40mg	杀虫剂，用于防治蜂螨。 以对角线悬挂于巢框间，每1巢框2条，悬挂3周	①药条在巢箱内连续放置不得超过6周。 ②挂药条时，应戴防护手套、口罩；不得吸烟、进食或饮水，挂药条后要洗手。 ③废弃药条不得重复使用，应集中销毁处理。 ④药条禁止与食用蜂蜜接触，不得与农药或其他化学品共同存放。 ⑤临用前打开包装。 ⑥流蜜期禁用。 ⑦休药期：无
高效氯氰菊酯 Beta-Cypermethrin	高效氯氰菊酯溶液（水产用） 4.5%	杀虫药。主要用于杀灭寄生于青鱼、草鱼、鲢鱼、鳙鱼、鲤鱼、鲫鱼和鳊鱼等鱼体上的中华鳋、猫头鳋、鱼鲺、三代虫、指环虫、线虫等寄生虫。	①当水温较低时，按剂量使用。 ②水体溶氧低时不得用药。 ③虾、蟹及鱼苗禁用。 ④严禁同碱性或强氧化性药物混合使用。 ⑤用完后的废弃

药物名称	制剂、规格	适应证、用法及用量	作用特点、注意事项
		全池均匀泼洒：以本品计，使用前用2000倍水稀释后，每1m^3水体，0.02~0.03ml	包装应妥善处理。 ⑥休药期：500度·日
升华硫 Sublimed Sulfur	**复方升华硫粉** 升华硫、精制敌百虫	杀虫药。用于杀灭大、小蜂螨。 **喷撒：**每脾每次用2g，四日1次，3次为一疗程。使用时拧下喷瓶外盖，挤压喷瓶，使药粉呈细雾状斜喷于蜂脾，也可以从蜂路喷治。	①流蜜前20日停用，流蜜期禁用。 ②在气温至少18℃左右的晚上6~7点用药，效果更好。 ③喷洒时要使巢脾保持适当的倾斜度，防止药粉掉进未封盖的幼虫房中造成幼虫中毒。 ④治疗时蜜蜂可能会消耗更多的食物，注意保证饲料供应充足。 ⑤避免与碱性物质接触。 ⑥对皮肤和眼睛具有刺激性，使用时注意防护。 ⑦休药期：流蜜前20日
环丙氨嗪 Cyromazine	**环丙氨嗪预混剂** 1%	杀蝇药。用于控制动物厩舍内蝇幼虫的繁殖。	①本品药料浓度达25mg/kg时，可使饲料消耗量增

续表

药物名称	制剂、规格	适应证、用法及用量	作用特点、注意事项
	10%	**混饲**：每1000kg饲料，鸡5g。连用4~6周	加，达500mg/kg以上可使饲料消耗量减少，1000mg/kg以上长期喂养可能因摄食过少而死亡。 ②每公顷土地施用饲喂本品的鸡粪以1000~2000kg为宜，超过9000kg以上可能对植物生长不利。 ③休药期：鸡3日
双甲脒 Amitraz	**双甲脒溶液** 12.5% **双甲脒项圈** 9%	用于杀螨，亦用于杀灭蜱、虱等外寄生虫。 **药浴、喷洒或涂搽**：以双甲脒计，配成0.025%~0.05%的溶液；喷雾：蜜蜂，配成0.001%的溶液，1000ml用于200框蜂。 每只犬1条，驱蜱使用期4个月，驱蠕形螨使用期1个月。将项圈套于犬颈部，以能插入一指头之空隙为其	①产乳供人食用的家畜，在泌乳期不得使用；产蜜供人食用的蜜蜂，在流蜜期不得使用。 ②对鱼类有剧毒。勿将药液污染鱼塘、河流。 ③马敏感，慎用。 ④对皮肤有刺激性，使用时防止药液沾污皮肤和眼睛。 ⑤休药期牛、羊21日；猪8日；弃奶期48小时

续表

药物名称	制剂、规格	适应证、用法及用量	作用特点、注意事项
		松紧度，剪去多余的部分。用于治疗犬蠕形螨时，若需继续治疗须每月更换一次项圈以彻底治疗并防止伤口复发	
非泼罗尼 Fipronil	**非泼罗尼滴剂** 0.5ml：50mg 0.67ml：67mg 1.34ml:134mg 2.68ml：268mg 4.02ml：402mg **非泼罗尼喷雾剂** 100ml：0.25g **复方非泼罗尼滴剂（猫用）** 0.5ml：非泼罗尼50mg+甲氧普烯60mg **复方非泼罗尼滴剂（犬用）** 1ml：非泼罗尼100mg+甲氧普烯90mg	用于驱杀猫、犬体表的跳蚤和犬虱。 **外用，滴于皮肤，**每只动物，猫50mg；犬体重10kg以下用67mg，体重10~20kg用134mg，体重20~40kg用268mg，体重40kg以上用402mg。 **外用喷雾：**喷量为0.5ml/喷次。根据犬毛发的长度和浓密度给药，短毛犬和长毛犬的给药剂量分别为每1kg体重3ml和6ml，毛发中等浓密的犬在每1kg体重3～6ml	①仅限于猫、犬外用。滴于猫、犬舔不到的地方，皮肤破损处禁用。发热、患有系统性疾病及处于恢复期的犬禁用，对杀虫剂和酒精过敏的犬及人避免接触本品。 ②作为局部外用杀虫剂，使用药时，请勿吸烟、饮酒或进食；用药后，用肥皂和清水洗澡，不要在被毛干以前触摸动物。 ③本品应置于儿童触及不到的地方。 ④妥善处理用过的空管。非泼罗尼可能会对水生动物产生毒性作用，禁

续表

药物名称	制剂、规格	适应证、用法及用量	作用特点、注意事项
	（1）0.67ml/管 （2）1.34ml/管 （3）2.68ml/管 （4）4.02ml/管	剂量范围内给药，相当于每1kg体重使用本品6～12喷次，感染严重的犬可加剂量使用，每月一次。 **外用**：滴于皮肤，每只猫使用0.5ml（复方非泼罗尼滴剂）	止将用剩的药和容器丢弃到池塘、排水管道和水沟。 ⑤为了使效力持久，建议使用前及使用滴剂后48小时内避免给动物洗澡。 ⑥本品喷雾剂易燃，勿在热源和明火附近储存和使用，动物使用该药后30分钟勿靠近明火。对皮肤和眼睛有轻微的刺激作用，药物不慎溅到眼睛立即用清水多次冲洗。 ⑦复方非泼罗尼滴剂禁用于8周龄以下的犬、猫，且勿在一个月内重复使用。 ⑧休药期：不需要制定
	非泼罗尼甲氧普烯双甲脒滴剂 A溶液每1ml中含非泼罗尼100mg、	可快速驱杀犬体表的蜱、跳蚤（成虫及幼虫）、虱子、疥螨，可以预防蜱和跳蚤作为媒介的传	①用于8周龄以上健康犬，勿用于患病犬；禁用于猫、兔。 ②滴于犬不易舔舐的颈背部。

药物名称	制剂、规格	适应证、用法及用量	作用特点、注意事项
	甲氧普烯90mg；B溶液每1ml中含双甲脒200mg。 （1）A溶液0.67ml，B溶液0.4ml （2）A溶液1.34ml，B溶液0.8ml （3）A溶液2.68ml，B溶液1.6ml （4）A溶液4.02ml，B溶液2.4ml	染性疾病。 **外用：**分开犬颈背部毛发，沿犬背部分两点将双腔滴管中A、B溶液同时涂于颈背部皮肤。体重2~10kg的犬使用1.07ml；体重10~20kg的犬使用2.14ml；体重20~40kg的犬使用4.28ml；体重40~60kg的犬使用6.42ml	③勿超剂量给药，重复用药间隔最短应超过2周。 ④休药期：不需要制定
烯啶虫胺 Nitenpyram	**烯啶虫胺片** 11.4mg 57mg	用于杀灭寄生于猫、犬体表的跳蚤。 **内服给药：**可同食物一起喂食，也可单独喂服。当有跳蚤寄生时，猫和体重1~11kg的小犬，规格11.4mg，用药1片；体重在11.1~57kg的犬，规格57mg，用药1片；体重超过57kg	①烯啶虫胺可用于动物的怀孕期和哺乳期。不要用于小于4周龄或体重低于1kg的犬猫。 ②置于儿童接触不到和看不见的地方。 ③废弃物处理措施：药品不应通过污水或家庭垃圾处理。咨询你的兽医如何处理不再使用的药品。这些措施应有利于环境保护。

续表

药物名称	制剂、规格	适应证、用法及用量	作用特点、注意事项
		的犬，规格57mg，用药2片。若跳蚤寄生严重，则每天用药或每隔1天重复用药1次，直到跳蚤得到控制。如果跳蚤重新出现，应再次用药	④正确用药的建议：通过检查被毛下面的皮肤或者使用细的金属梳子梳理被毛，就可以发现跳蚤。宠物频繁抓挠或过分地梳理被毛也是跳蚤寄生的征兆。 ⑤休药期：无
吡虫啉 Imidacloprid	**吡虫啉滴剂** Imidacloprid Spot-on Solution	抗体外寄生虫药。用于预防和治疗犬、猫的跳蚤感染，治疗犬的咬虱（犬啮毛虱）感染。 **外用**：手持滴管，保持管口向上，取下盖子，将盖子倒转，插入管口，旋转盖子，将封口打开后取下盖子。分开被毛，将滴管前端抵住皮肤，适当挤出药液到皮肤上。	①8周龄以下的未断奶犬、猫禁用。对本品过敏的动物勿用。基于现有的研究结果，预计对怀孕及哺乳期动物无不良作用。 ②首次治疗后，环境中孵化出的跳蚤会继续感染动物，至少持续6周。为了能杀灭这些跳蚤，根据环境中的跳蚤数量，可能需要多次使用本品。作为治疗的辅助手段，建议使用能杀死成年跳蚤及其发育阶段的产品来处理动物的垫料和圈舍。

续表

<table>
<tr><th>药物名称</th><th>制剂、规格</th><th>适应证、用法及用量</th><th>作用特点、注意事项</th></tr>
<tr><td></td><td></td><td><table><tr><th>动物</th><th>体重</th><th>适用产品</th></tr><tr><td rowspan="5">犬</td><td>< 4kg</td><td>0.4ml</td></tr><tr><td>≥ 4 且 < 10kg</td><td>1.0ml</td></tr><tr><td>≥ 10 且 < 25kg</td><td>2.5ml</td></tr><tr><td>≥ 25 且 < 40kg</td><td>4.0ml</td></tr><tr><td>≥ 40kg</td><td>4.0ml</td></tr><tr><td rowspan="2">猫</td><td>< 4kg</td><td>0.4ml</td></tr><tr><td>≥ 4kg</td><td>0.8ml</td></tr></table>使用 1 次，对跳蚤的有效作用，犬可维持 4 周，猫可维持 3~4 周</td><td>③动物偶尔接触水（如淋雨、游泳）后不会降低本品的作用。但如果频繁游泳或用香波洗澡后，可能需要重复使用本品，这取决于动物周围环境中的跳蚤数量，但频率不得超过每周一次。用于治疗犬的咬虱时，建议给药后 30 天复查，因为一些动物需要使用本品 2 次。
④极个别动物发生药物过量或舔舐给药部位后，见神经症状（例如，痉挛、震颤、共济失调、瞳孔放大或缩小、嗜睡）。动物不慎经口摄入本品后的中毒情况不太可能发生。如发生，应在兽医指导下给予对症治疗。目前，无针对本品的特效解救药；如误食，口服活性炭可有助于解毒</td></tr>
</table>

续表

药物名称	制剂、规格	适应证、用法及用量	作用特点、注意事项
二氯苯醚菊酯吡虫啉 Permethrin and Imidacloprid	二氯苯醚菊酯吡虫啉滴剂 0.4ml：二氯苯菊酯0.2g+吡虫啉0.04g 1.0ml：二氯苯菊酯0.5g+吡虫啉0.1g 2.5ml：二氯苯菊酯1.25g+吡虫啉0.25g 4.0ml：二氯苯菊酯2g+吡虫啉0.4g	用于预防和治疗犬体表蚤、蜱、虱的寄生，抑制白蛉、厩蝇和蚊子的叮咬，并可用作辅助治疗因蚤引起的过敏性皮炎。 **仅供皮肤外用：**用药时应保持容易使用本品的姿势。分开犬毛至看到皮肤，将滴管前段抵住皮肤，适当挤出药液到皮肤上，最后用毛覆盖用药部位。犬体重小于等于4kg，规格0.4ml，一支，滴于犬背部肩胛骨之间；体重4~10kg的犬，规格1.0ml，一支，滴于犬背部肩胛骨之间；体重10~25kg的犬，规格2.5ml，一支，滴于犬背部肩胛骨之间、	①怀孕及哺乳期的母犬亦可使用本品。 ②使用本品的犬在洗浴、游泳和淋雨后仍能保持药效。 ③本品禁用于宠物犬，7周龄以下的幼犬请勿使用。 ④避免犬只因舔身体而误食本品。 ⑤勿用于猫。 ⑥避免儿童接触。 ⑦人如果误食本品，请勿立即诱吐，应立即就医。皮肤或头发不慎接触本品，应立即脱掉被污染的衣物，并用流水冲洗皮肤和头发。本品若不慎溅入眼睛，应立即用大量流水冲洗。本品吸入有害，勿吸入蒸气。 ⑧本品易燃，勿在高温或明火处使用或贮藏本品。请勿冷冻。

药物名称	制剂、规格	适应证、用法及用量	作用特点、注意事项
		后背臀部中间，以及在这两点连线中间取两点，分四点给药；体重25~50kg的犬，规格4.0ml，一支，滴于犬背部肩胛骨之间、后背臀部中间，以及在这两点连线中间取两点，分四点给药；体重大于等于50kg的犬，规格4.0ml，两支，滴于犬背部肩胛骨之间、后背臀部中间，以及在这两点连线中间取两点，分四点给药	⑨使用本品后，应清洗双手。本品对水生动物有长期持续性的毒性，勿将本品投入水中。本品对土壤形态有影响，未用完的本品或用完的包材应用纸包好后放入垃圾桶内，勿随便丢弃。 ⑩休药期：无
赛拉菌素 Selamectin	塞拉菌素滴剂 0.4ml∶45mg	用于治疗犬体内线虫和体外疥螨、蚤、虱的感染。 以塞拉菌素计。外用，分开肩胛骨间的毛发，将药液滴在肩胛骨间外露的皮肤上，一次	①本品仅限用于宠物，适用于6周龄和6周龄以上的犬。 ②勿在宠物毛发尚湿的时候使用本品。用药2小时后，给宠物洗澡不会降低本品的药效。 ③避免儿童接触。

3 抗寄生虫药

续表

药物名称	制剂、规格	适应证、用法及用量	作用特点、注意事项
		量，每1kg体重，犬6mg	④可能对皮肤和眼睛有刺激性，用后洗手。皮肤接触到药物后立即用肥皂和清水冲洗；如溅入眼内，用大量水冲洗。 ⑤本品易燃，要远离热源和火源。 ⑥休药期：无
吡虫啉莫昔克丁（猫用） Imidacloprid and Moxidec-tin	**吡虫啉莫昔克丁滴剂（猫用）** 0.4ml：吡虫啉40mg+莫昔克丁4mg 0.8ml：吡虫啉80mg+莫昔克丁8mg	用于预防和治疗猫体内、外寄生虫感染。预防和治疗跳蚤感染（猫栉首蚤），治疗耳螨感染（耳痒螨），治疗胃肠道线虫感染（猫弓首蛔虫和管形钩口线虫的成虫、未成熟成虫和L4期幼虫）。并可用作辅助治疗因跳蚤引起的过敏性皮炎。 **外用：**一次量，猫，每1kg体重，10mg吡虫啉、1mg莫昔克丁，相当于本品0.1ml。	①9周龄下的小猫勿用。对本品过敏的猫勿用。怀孕及哺乳期内猫应用前需遵从兽医建议。 ②1kg以下的猫在使用本品时需遵从兽医建议。 ③病猫和体质虚弱的猫使用时需遵从兽医建议。 ④本品勿用于犬。 ⑤使用本品过程中，勿让药管内的药物接触被给药动物或其他动物的眼睛和口腔。防止用完药的动物互相舔毛。药物未干之前，勿触摸或修剪毛发。

续表

药物名称	制剂、规格	适应证、用法及用量	作用特点、注意事项
		治疗或预防期间，建议每月给药1次。为防止舔舐，仅限于猫头后颈部皮肤给药	在给药期间，猫偶尔1次或2次接触水不会明显影响药物的疗效。但猫频繁使用香波洗澡或浸泡在水中可能会影响药物的疗效。 ⑥避免儿童接触。 ⑦贮藏请勿超过30℃，勿超过标示有效期使用。 ⑧给药时，使用人员应避免本品接触皮肤、眼睛和口腔，勿进食、喝水或抽烟；给药后，应洗净双手。如不慎溅到皮肤，立即用肥皂水和水清洗；如不慎溅到眼睛，立即用清水冲洗。如症状无好转，请持说明书就医。目前，无针对本品的特效解救药；如误食，口服活性炭有助于解毒。 ⑨本品中的溶剂有可能会污染皮革、织物、塑料和油漆表面等，在给

续表

药物名称	制剂、规格	适应证、用法及用量	作用特点、注意事项
			药部位干燥前，防止这些材料接触给药部位。勿使本品进入地下水。未使用完的药物及包材，应按当地要求进行无害化处理。 ⑩休药期：无
吡虫啉莫昔克丁（犬用） Imidacloprid and Moxidectin	**吡虫啉莫昔克丁滴剂（犬用）** 0.4ml：吡虫啉40mg+莫昔克丁10mg 1.0ml：吡虫啉100mg+莫昔克丁25mg 2.5ml：吡虫啉250mg+莫昔克丁62.5mg 4.0ml：吡虫啉400mg+莫昔克丁100mg	用于预防和治疗犬的体内、外寄生虫感染。预防和治疗跳蚤感染（犬栉首蚤），治疗耳螨感染（耳痒螨），治疗虱子感染（犬啮毛虱），犬疥螨病（疥螨）和蠕形螨病（犬蠕形螨），治疗血管圆线虫和胃肠道线虫感染（犬弓首蛔虫、犬钩口线虫和狭头钩虫的成虫、未成熟成虫和L4期幼虫；狮弓蛔虫和狐毛首线虫的成虫）。并可用作辅助治疗因跳	①7周龄下的幼犬勿用。对本品过敏的犬勿用。怀孕及哺乳期内猫应用前需遵从兽医建议。 ②1kg以下的犬在使用本品时需遵从兽医建议。 ③病犬和体质虚弱的犬使用时需遵从兽医建议。本品含有莫昔克丁（大环内酯类），因此将本品用于柯利犬、古英国牧羊犬和相关品种时，需特别注意防止这些犬经口舔舐本品。 ④本品勿用于猫。 ⑤使用本品过程中，勿让要管内的药物接触被给药动物或其他动物的眼

续表

药物名称	制剂、规格	适应证、用法及用量	作用特点、注意事项
		蚤引起的过敏性皮炎。 外用：将本品滴于犬背两肩胛骨之间到臀部的皮肤上，可分3～4处。一次量，犬，每1kg体重，10mg吡虫啉、2.5mg莫昔克丁，相当于本品0.1ml。治疗或预防期间，建议每月给药1次。防止舔舐	睛和口腔。防止用完药的动物互相舔毛。药物未干之前，勿触摸或修剪毛发。在给药期间，犬偶尔1次或2次接触水不会明显影响药物的疗效。但犬频繁使用香波洗澡或浸泡在水中可能会影响药物的疗效。 ⑥避免儿童接触。 ⑦贮藏请勿超过30℃，勿超过标示有效期使用。 ⑧给药时，使用人员应避免本品接触皮肤、眼睛和口腔，勿进食、喝水或抽烟；给药后，应洗净双手。如不慎溅到皮肤，立即用肥皂水和水清洗；如不慎溅到眼睛，立即用清水冲洗。如症状无好转，请持说明书就医。目前，无针对本品的特效解救药；如误食，口服活性炭

药物名称	制剂、规格	适应证、用法及用量	作用特点、注意事项
			可有助于解毒。 ⑨本品中的溶剂有可能会污染皮革、织物、塑料和油漆表面等，在给药部位干燥以前，防止这些材料接触给药部位。勿使本品进入地下水。未使用完的药物及包材，应按当地要求进行无害化处理。 ⑩休药期：无
吡虫啉氟氯苯氰菊酯项圈 Imidacloprid and Flumethrin Collar	**吡虫啉氟氯苯氰菊酯项圈** （1）12.5g（38cm）：吡虫啉 1.25g+氟氯苯氰菊酯 0.56g （2）45g（70cm）：吡虫啉 4.50g+氟氯苯氰菊酯 2.03g	**猫**：用于预防和治疗跳蚤（猫栉首蚤）感染，作用可达 7 ~ 8 个月；抑制幼蚤发育，保护动物周围环境可达 10 周；用于辅助治疗跳蚤引起的过敏性皮炎。对蜱有持续的杀灭作用（篦子硬蜱、图兰扇头蜱）和驱避作用（篦子硬蜱），作用达 8 个月，对蜱幼虫、若虫和成虫也有效。	①勿用于 10 周龄以下的幼猫，7 周龄以下的幼犬。 ②氟氯苯氰菊酯和吡虫啉在大鼠和家兔中未见繁殖毒性。但孕期及哺乳期靶动物尚未评估安全性，因此，不推荐用于孕期及哺乳期的猫 / 犬。 ③一般情况下，蜱 24 ~ 48 小时不吸血时即可死亡并从宿主体表脱落。由于治疗后不能完全避免单个蜱附着，因此不能完全

药物名称	制剂、规格	适应证、用法及用量	作用特点、注意事项
		犬：用于预防和治疗跳蚤（猫栉首蚤、犬栉首蚤）感染，作用可达 7 ~ 8 个月；抑制幼蚤发育，保护动物周围环境可达 8 个月；用于辅助治疗跳蚤引起的过敏性皮炎。对蜱有持续的杀灭作用（篦子硬蜱、血红扇头蜱、网纹革蜱）和驱避作用（篦子硬蜱、血红扇头蜱），作用达 8 个月；对蜱幼虫、若虫和成虫也有效；间接预防血红扇头蜱传播的犬巴贝斯虫和犬埃利希体感染，减少其患病风险，作用达 7 个月。用于治疗犬咬虱或嚼虱（犬啮毛虱）感染。减少利什曼原虫（由	避免蜱传播疾病的风险。 ④尽管本品能显著降低犬利什曼原虫感染风险，但其驱杀白蛉（恶毒白蛉）的有效性不稳定。因此存在白蛉叮咬情况，不能完全避免利什曼原虫感染。应在利什曼原虫病高发季节（白蛉活跃期）前及整个风险期间佩戴项圈。 ⑤在跳蚤感染严重的家庭，为达到最佳控制效果，必要时可使用适宜的环境杀虫剂。 ⑥本品为防水产品，在动物浸湿后仍排除可保持疗效。长时间、频繁地接触水或洗浴，可能会导致药效持续时间缩短，应尽量避免。研究表明，每月洗浴或浸水后，活性成分会在皮毛上重新分布，不会

续表

药物名称	制剂、规格	适应证、用法及用量	作用特点、注意事项
		风险，作用达8个月。在治疗前已有蜱感染的猫、犬，佩戴项圈后48小时内仍可见蜱附着。建议在佩戴项圈时去除已附着蜱。项圈佩戴两日后可预防新感染蜱虫。 **外用：**将项圈系于猫、犬颈部。使用前，从密封袋中直接取出项圈，展开，确保连接处无残留塑料。将项圈系在动物颈部，调节项圈长度，项圈和颈部之间可插入两指为宜，穿过扣环后保留2cm，其余部分剪掉。每只动物1条，持续佩戴8个月。	明显缩短对蜱的8个月药效持续时间，但对跳蚤的有效性从第5个月开始逐渐下降。尚未评估洗浴或浸水对犬利什曼原虫病传播的影响。 ⑦该产品对鱼类及其他水生生物有害，勿弃至水道及其他水体

适用动物	适用产品的类型	吡虫啉	氟氯苯氰菊酯
猫和≤ 8kg犬	小型项圈12.5g（长38cm）	1.25g	0.56g
＞8kg犬	大型项圈45g（长70cm）	4.50g	2.03g

续表

药物名称	制剂、规格	适应证、用法及用量	作用特点、注意事项
氟雷拉纳 Fluralaner	氟雷拉纳咀嚼片 Fluralaner Chewable Tablets (1) 112.5mg (2) 250mg (3) 500mg (4) 1000mg (5) 1400mg	用于治疗犬体表的跳蚤和蜱感染，还可辅助治疗因跳蚤引起的过敏性皮炎。 内服：犬按以下的体重范围给药，每12周给药1次。 (1)体重(kg) 2~4.5时，规格为112.5mg的1片。 (2)体重(kg) 4.5~10时，规格为250mg的1片。 (3)体重(kg) 10~20时，规格为500mg的1片。 (4)体重(kg) 20~40时，规格为1000mg的1片。 (5)体重(kg) 40~56时，规格为1400mg的1片。 (6)体重(kg) ≥56时，选择合适的规格组合使用	①不得用于8周以下的幼犬和/或体重低于2kg的犬。可用于种犬、妊娠期和泌乳期的母犬。对本品过敏的犬勿用。 ②给药间隔不得低于8周。 ③氟雷拉纳可能与其他高蛋白结合率的药物竞争结合血浆蛋白，如非甾体抗炎药、香豆素衍生物华法林等。体外血浆孵育试验，未发现氟雷拉纳与卡洛芬和华法林竞争结合血浆蛋白。临床试验未发现氟雷拉纳与犬的日常用药存在相互作用。 ④使用本药时，在极其恶劣条件下，不能完全排除通过寄生虫为媒介进行疾病传播的风险。 ⑤除直接饲喂以外，可将本品混入

续表

药物名称	制剂、规格	适应证、用法及用量	作用特点、注意事项
			犬粮中饲喂，给药时观察犬只，确认犬只吞下药物。 ⑥给药时，给药人员不得进食、喝酒或吸烟；接触本品后，应立即用肥皂和水彻底清洗双手。避免儿童接触。 ⑦未使用完的兽药及包材，应按照当地法规要求进行处理。 ⑧休药期：不需要制定
沙罗拉纳 Sarolaner	沙罗拉纳咀嚼片 Sarolaner Chewable Tablets （1）5mg （2）10mg （3）20mg （4）40mg （5）80mg （6）120mg	用于预防和治疗犬跳蚤感染，治疗和控制犬蜱感染。 **口服**：以沙罗拉纳计，每1kg体重，犬2mg，每月1次。根据当地情况，在跳蚤、蜱虫流行季节持续给药	①沙罗拉纳可能会引起异常的神经症状，如颤抖、本体感受意识减弱、共济失调、威胁反射减弱或消失和/或癫痫。 ②仅用于6月龄及以上且体重不低于1.3kg的犬。 ③尚未对种犬、妊娠和哺乳期犬进行安全性研究，应慎用
阿福拉纳 Afoxolaner	阿福拉纳咀嚼片	用于治疗犬跳蚤、蜱虫感染。	①柯利牧羊犬以5倍剂量内服(25mg/

续表

药物名称	制剂、规格	适应证、用法及用量	作用特点、注意事项
	Afoxolaner Chewable Tablets （1）11.3mg （2）28.3mg （3）68mg （4）136mg （5）80mg （6）120mg	**内服：**以阿福拉纳计，犬按照以下体重范围给药，每月给药一次。 体重2~4kg的犬，使用规格11.3mg咀嚼片；体重4.1~10kg的犬，使用规格28.3mg咀嚼片；体重10.1~25kg的犬，使用规格68mg咀嚼片；体重25.1~50kg的犬，使用规格136mg咀嚼片；体重在50kg以上的犬，可以将咀嚼片组合使用，使给药剂量在2.7~6.9mg/kg体重范围内	kg体重）时可引起腹泻和呕吐。 ②孕犬、8周龄以下和/或体重2kg以下犬需根据兽医意见谨慎使用。 ③跳蚤和蜱虫必须接触犬并开始刺入时才可接触到药物的有效成分，因此不能排除通过寄生虫为媒介进行疾病传播的风险
	阿福拉纳米尔贝肟咀嚼片 （1）阿福拉纳9.375mg+米尔贝肟1.875mg （2）阿福拉纳18.75mg+米	用于治疗犬跳蚤、蜱感染，同时预防犬心丝虫感染和/或治疗胃肠道线虫感染。 **内服：**犬按照以下体重范围给	①体重2kg以下和/或8周龄以下，妊娠、哺乳期犬需根据兽医意见谨慎使用。 ②在犬心丝虫病流行地区，给药前应检测犬是否已感

续表

药物名称	制剂、规格	适应证、用法及用量	作用特点、注意事项
	尔贝肟 3.75mg （3）阿福拉纳 37.50mg+米尔贝肟 7.50mg （4）阿福拉纳 75.00mg+米尔贝肟 15.00mg （5）阿福拉纳150.00mg+米尔贝肟 30.00mg	药，每月给药 1 次。体重 2~3.5kg，规格（1）1 片；体重 3.5~7.5kg，规格（2）1 片；体重 7.5~15kg，规格（3）1 片；体重 15~30kg，规格（4）1 片；体重 30~60kg，规格（5）1 片；体重在 60kg 以上的犬，可以组合使用不同规格的咀嚼片	染心丝虫。感染心丝虫的犬，服用本品前应先驱除心丝虫及幼虫。 ③柯利牧羊犬及其杂交品系应根据兽医意见严密控制本品剂量

4 外周神经系统药物

作用于外周神经系统的药物包括传出神经药和传入神经药。

传出神经药主要是植物神经药和肌松药。按药理活性，传出神经药又分为肾上腺素能药（包括拟交感药、抗交感药）和胆碱能药（包括拟副交感药、抗副交感药）。大多数传出神经药是直接与受体结合而起作用，结合后激活受体，产生与递质相似作用的药物称为激动剂或拟似药，如拟肾上腺素药、拟胆碱药。结合后不能激活受体，妨碍递质与受体结合，产生与递质相反作用的药物，称为拮抗剂或阻断剂，如抗肾上腺素药、抗胆碱药。有些传出神经药是通过干扰神经递质的合成、储存、转运、释放和失活而起作用。

植物神经系统的疾病在家畜上并不常见，但改变植物神经功能的药物在兽医临床上却比较常用，例如，胆碱能神经阻断剂阿托品常被用作麻醉前检查。同时，阿托品也是一些特殊毒物的解毒剂。

传入神经药则是局部麻醉药和皮肤用药。局部麻醉药简称局麻药，是一类以适当的浓度应用于局部神经末梢或神经干周围，在意识清醒的条件下可使局部痛觉等感觉暂时性消失的药物。局麻药能暂时、完全和可逆性地阻断神经冲动的产生和传导，局麻作用消失后，神经功能可完全恢复，同时对各类组织无损伤作用。局麻药作用机制的学说较多，目前公认的是局麻药阻断神经细胞上的电压门控性 Na^+ 通道，使 Na^+ 在其作用期间内不能进入细胞，使 Na^+ 传导阻滞，神经受刺激时不能引起膜通透性改变，产生局麻作用。

4.1 胆碱受体激动药

药物名称	制剂、规格	适应证、用法及用量	作用特点、注意事项
氨甲酰甲胆碱 Bethanechol	氯化氨甲酰甲胆碱注射液 （1）1ml：2.5mg （2）5ml：12.5mg （3）10ml：25mg （4）10ml：50mg	拟胆碱药。主要用于胃肠弛缓，也用于膀胱积尿、胎衣不下和子宫蓄脓等。 **皮下注射：**一次量，每1kg体重，马、牛0.05~0.1mg；犬、猫0.25~0.5mg	①患有肠道完全阻塞或创伤性胃炎的动物及孕畜禁用。 ②过量中毒时可用阿托品解救。 ③本品仅供皮下注射，切勿静脉注射

4.2 抗胆碱酯酶药

药物名称	制剂、规格	适应证、用法及用量	作用特点、注意事项
新斯的明 Neostigmine	甲硫酸新斯的明注射液 （1）1ml：0.5mg （2）1ml：1mg （3）5ml：5mg （4）10ml：10mg	抗胆碱药。主要用于胃肠弛缓、重症肌无力和胎衣不下等。 **肌内、皮下注射：**一次量，马4~10mg；牛4~20mg；羊、猪2~5mg；犬0.25~1mg	①机械性肠梗死或支气管哮喘患畜禁用。 ②中毒时可用阿托品对抗其对M受体的兴奋作用。 ③本品可延长和加强去极化型肌松药氯化琥珀胆碱的肌肉松弛作用；与非去极化型肌松药有拮抗作用。

续表

药物名称	制剂、规格	适应证、用法及用量	作用特点、注意事项
			④肠道机械性损伤、泌尿道阻塞和腹膜炎时禁用

4.3 胆碱受体阻断药

药物名称	制剂、规格	适应证、用法及用量	作用特点、注意事项
阿托品 Atropine	硫酸阿托品粉 硫酸阿托品注射液 (1) 1ml：0.5mg (2) 2ml：1mg (3) 1ml：5mg (4) 5ml：25mg (5) 10ml：50mg (6) 5ml：50mg (7) 10ml：20mg 硫酸阿托品片 0.3mg	抗胆碱药。主要用于有机磷酸酯类药物中毒、麻醉前给药和拮抗胆碱神经兴奋症状。也用于蜜蜂有机磷中毒。 **肌内、皮下或静脉注射：**以硫酸阿托品计，一次量，每1kg体重，麻醉前给药，马、牛、羊、猪、犬、猫0.02~0.05mg。解除有机磷酸酯类中毒，马、牛、羊、猪、0.5~1mg；犬、猫 0.1~0.15mg；禽0.1~0.2mg。	①肠梗死、尿潴留等患畜禁用。 ②可增强噻嗪类利尿药、拟肾上腺素药物的作用。 ③可加重双甲脒的某些毒性症状，引起肠蠕动的进一步抑制。 ④中毒解救时宜采用对症性支持疗法，极度兴奋时可试用毒扁豆碱、短效巴比妥类、水合氯醛等药物对抗。禁用吩噻嗪类药物如氯丙嗪治疗。 ⑤禁忌证：青光眼，晶状体脱位，角膜结膜干燥

续表

药物名称	制剂、规格	适应证、用法及用量	作用特点、注意事项
		内服：一次量，每1kg体重，犬、猫0.02~0.04mg。 饲喂：每标准箱，一次量，蜂0.6g，加糖水(1:1)250ml混匀	
东莨菪碱 Scopolamine	氢溴酸东莨菪碱注射液 1ml∶0.3mg 1ml∶0.5mg	抗胆碱药。具有解除平滑肌痉挛、抑制腺体分泌、散大瞳孔等作用。用于动物兴奋不安、胃肠道平滑肌痉挛等。 皮下注射：以氢溴酸东莨菪碱计，一次量，牛1~3mg；羊、猪0.2~0.5mg	①马属动物麻醉前给药应慎重，因本品对马可产生明显的兴奋作用。 ②心律失常患畜慎用

4.4 肾上腺素受体激动药

药物名称	制剂、规格	适应证、用法及用量	作用特点、注意事项
去甲肾上腺素 Norepinephrine	重酒石酸去甲肾上腺素注射液	拟肾上腺素药。具有强烈的收缩血管、升高	①出血性休克禁用，器质性心脏病、少尿、无尿及严重

续表

药物名称	制剂、规格	适应证、用法及用量	作用特点、注意事项
	（1）1ml：2mg （2）2ml：10mg	血压作用。用于外周循环衰竭休克时的早期急救。 **静脉滴注：**以重酒石酸去甲肾上腺素计，一次量，马、牛 8~12mg；羊、猪 2~4mg。临用前稀释成每 1ml 中含 4~8μg 的药液	微循环障碍等禁用。 ②因静脉注射后在药物体内迅速被组织摄取，作用仅维持几分钟，故应采用静脉滴注，以维持有效血药浓度。 ③限用于休克早期的应急抢救，并在短时间内小剂量静脉滴注。若长期大剂量应用可导致血管持续强烈收缩，加重组织缺血、缺氧，使休克的微循环障碍恶化。 ④静脉滴注时严防药液外漏，以免引起局部组织坏死
肾上腺素 Adrenaline	**盐酸肾上腺素注射液** （1）0.5ml：0.5mg （2）1ml：1mg （3）5ml：5mg	拟肾上腺素类药。用于心脏骤停的急救；缓解严重过敏性疾患的症状；亦常与局部麻醉药配伍；以延长局部麻醉持续时间。 **皮下注射：**以肾上腺素计，一次量，马、牛 2~5mg；羊、猪	①本品如变色即不得使用 ②与全麻药如水合氯醛合用时，易发生心室颤动。亦不能与洋地黄、钙剂合用。 ③器质性心脏疾患、甲状腺功能亢进、外伤性及出血性休克等患畜慎用

续表

药物名称	制剂、规格	适应证、用法及用量	作用特点、注意事项
		0.2~1.0mg；犬0.1~0.5mg。 静脉注射：以肾上腺素计，一次量，马、牛1~3mg；羊、猪0.2~0.6mg；犬0.1~0.3mg	

4.5 肾上腺素受体阻断药

药物名称	制剂、规格	适应证、用法及用量	作用特点、注意事项
盐酸苯噁唑 Benzoxazole Hydrochloride	盐酸苯噁唑注射液 2ml：60mg	α_2受体拮抗剂。用于赛拉嗪麻醉的动物催醒或过量中毒时的解救。 肌内注射：一次量，每1kg体重，鹿0.1~0.3mg	①用于拮抗盐酸赛拉嗪过量中毒急救时，应增加1倍用量。 ②禁用于食品动物。 ③休药期：无需制定
阿替美唑 Atipamezole	盐酸阿替美唑注射液 10ml：50mg	α_2受体拮抗剂。用于解除犬和猫盐酸右美托咪定的镇静和止痛作用及逆转其他作用，如心血管作用和	①阿替美唑注射液能够产生突然的镇静和止痛逆转。在处理由镇静中苏醒的犬时应该考虑到不安或挑衅行为的潜在可能，特别

续表

药物名称	制剂、规格	适应证、用法及用量	作用特点、注意事项
		呼吸作用。 肌内注射：给药剂量与之前给予的盐酸右美托咪定（Dexdomitor®）相比，①按毫升数计算，对于犬，与之前给予的盐酸右美托咪定体积相同；对于猫，减半。②按μg/kg计算，对于犬，为之前给予的盐酸右美托咪定剂量的10倍；对于猫，为之前的5倍	是有神经过敏或恐惧倾向的犬。这时应避免刺激犬。 ②多种药物联合使用时要谨慎。应该密切监视动物的持续体温降低、心搏徐缓与呼吸抑制等症状，直到完全恢复。老年、体虚的动物使用麻醉剂时应谨慎。 ③应该监测镇静作用的复发。 ④不推荐用于怀孕的或泌乳的动物，或用于繁殖的动物。 ⑤不得用于人。放置在儿童接触不到的地方。 ⑥禁用于出现以下症状,如心脏病、呼吸失常、肝或肾疾病、休克、严重虚弱或者处于极度热、冷或疲劳重压的犬。禁用于对该药物已知过敏的犬。 ⑦禁用于其他镇静剂（如地西泮或阿片类药物等）。

续表

药物名称	制剂、规格	适应证、用法及用量	作用特点、注意事项
			⑧休药期：不需要制定

4.6 局部麻醉药

药物名称	制剂、规格	适应证、用法及用量	作用特点、注意事项
普鲁卡因 Procaine	**盐酸普鲁卡因注射液** （1）5ml：0.15g （2）10ml：0.1g （3）10ml：0.2g （4）10ml：0.3g （5）50ml：1.25g （6）50ml：2.5g	局部麻醉药。用于浸润麻醉、传导麻醉、硬膜外麻醉和封闭疗法。 **浸润麻醉、封闭疗法**：以盐酸普鲁卡因计，0.25%~0.5%溶液。 **传导麻醉**：以盐酸普鲁卡因计，2%~5%溶液，每个注射点，大动物10~20ml，小动物2~5ml。 **硬膜外麻醉**：以盐酸普鲁卡因计，2%~5%溶液，马、牛20~30ml	①剂量过大易出现吸收作用，可引起中枢神经系统先兴奋后抑制的中毒症状，应进行对症治疗。马对本品比较敏感。 ②本品应用时常加入0.1%盐酸肾上腺素注射液，以减少普鲁卡因吸收，延长局麻时间

药物名称	制剂、规格	适应证、用法及用量	作用特点、注意事项
利多卡因 Lidocaine	**盐酸利多卡因注射液** （1）5ml：0.1g （2）10ml：0.2g （3）10ml：0.5g （4）20ml：0.4g	局部麻醉药。用于表面麻醉、传导麻醉、浸润麻醉和硬膜外麻醉。 **浸润麻醉**：以盐酸利多卡因计，配成0.25%~0.5%溶液。 **表面麻醉**：以盐酸利多卡因计，配成2%~5%溶液。 **传导麻醉**：以盐酸利多卡因计，配成2%溶液，每个注射点，马、牛8~12ml，羊3~4ml。 **硬膜外麻醉**：以盐酸利多卡因计，配成2%溶液，马、牛8~12ml	①当本品用于硬膜外麻醉和静脉注射时，不可加肾上腺素。 ②剂量过大易出现吸收作用，可引起中枢抑制、共济失调、肌肉震颤等

5 中枢神经系统药物

中枢神经系统的药物分为中枢兴奋药和中枢抑制药两大类。中枢抑制药包括镇静药、催眠药、安定药、抗惊厥药、镇痛药和麻醉药等。

绝大多数中枢药物的作用方式是影响突触化学传递的某一环节，引起相应的功能变化。研究药物对递质和受体的影响是阐明中枢药物作用复杂性的关键环节，而对细胞内信使和离子通道及基因调控的研究则可进一步阐释药物作用的机制。

影响中枢神经药物作用强度和持续时间的因素：血脑屏障、药物的生理学作用等。

目前临床使用的药物大多数能影响神经系统的功能，产生相应的中枢作用，其中有些被用于临床治疗用途，有些则成为导致不良反应的基础，甚至产生生理和（或）精神依赖性而成为严重的社会问题。

5.1 中枢兴奋药

药物名称	制剂、规格	适应证、用法及用量	作用特点、注意事项
安钠咖 Caffeine and Sodium Benz-oate	安钠咖注射液 （1）5ml：无水咖啡因0.24g+苯甲酸钠0.26g	中枢兴奋药。能加强大脑皮质的兴奋过程，兴奋呼吸及血管运动中枢。用	①大家畜心动过速（100次/分以上）或心律不齐时禁用 ②忌与鞣酸、碘化物、盐酸四环素、

续表

药物名称	制剂、规格	适应证、用法及用量	作用特点、注意事项
	（2）10ml：无水咖啡因0.48g+苯甲酸钠0.52g （3）5ml：无水咖啡因0.48g+苯甲酸钠0.52g （4）10ml：无水咖啡因0.96g+苯甲酸钠1.04g	于中枢性呼吸、循环抑制和麻醉药中毒的解救。 **静脉、肌内或皮下注射：**一次量，马、牛20~50ml；羊、猪5~20ml；犬1~3ml	盐酸土霉素等酸性药物混合配伍，以免发生沉淀。 ③剂量过大或给药过频易发生中毒。中毒时，可用溴化物、水合氯醛或巴比妥类药物对抗兴奋症状。 ④牛、羊、猪28日；弃奶期7日
尼可刹米 Nikethamide	**尼可刹米注射液** （1）1.5ml：0.375g （2）2ml：0.5g	中枢兴奋药。主要用于解救呼吸中枢抑制。 **静脉、肌内或皮下注射：**以尼可刹米计，一次量，马、牛2.5~5mg；羊、猪0.25~1mg；犬0.125~0.5mg	①本品静脉注射速度不宜过快。 ②如出现惊厥，应及时静脉注射地西泮或小剂量硫喷妥钠。 ③兴奋作用之后，常出现中枢抑制现象
士的宁 Strychnine	**硝酸士的宁注射液** （1）1ml：2mg （2）10ml：20mg	中枢兴奋药。用于脊髓性不全麻痹。 **皮下注射：**以硝酸士的宁计，一次量，马、牛15~30mg；羊、猪2~4mg；犬0.5~0.8mg	①肝肾功能不全、癫痫及破伤风患畜禁用。 ②孕畜及中枢神经系统兴奋症状的患畜禁用。 ③本品排泄缓慢，长期应用易蓄积中毒，故使用时

药物名称	制剂、规格	适应证、用法及用量	作用特点、注意事项
			间不宜太长，反复给药应酌情减量。 ④因过量出现惊厥时应保持动物安静，避免外界刺激，并迅速肌内注射苯巴比妥钠等进行解救

5.2 镇静催眠药

药物名称	制剂、规格	适应证、用法及用量	作用特点、注意事项
地西泮 Diazepam	**地西泮片** （1）2.5mg （2）5mg **地西泮注射液** 2ml：10mg	镇静与抗惊厥药。用于狂躁动物的安静与保定、肌肉痉挛、癫痫及惊厥等。 **内服**：以地西泮计，一次量，犬 5~10mg；猫 2~5mg；水貂 0.5~1mg。 **肌内、静脉注射**：以地西泮计，一次量，每 1kg 体重，马 0.1~0.15mg；牛、	①孕畜忌用。 ②肝肾功能障碍患畜慎用。 ③与镇痛药（如度冷丁）合用时，应将后者的剂量减少 1/3。 ④本品能增强其他中枢抑制药的作用，若同时应用应注意调整剂量。 ⑤休药期：牛、羊、猪 28 日（注射液）

续表

药物名称	制剂、规格	适应证、用法及用量	作用特点、注意事项
		羊、猪 0.5~1mg；犬、猫 0.6~1.2mg；水貂 0.5~1mg	
氯丙嗪 Chlorpromazine	**盐酸氯丙嗪片** （1）12.5mg （2）25mg （3）50mg **盐酸氯丙嗪注射液** （1）2ml：0.05g （2）10ml：0.25g	镇静药。用于强化麻醉以及使动物安静等。 **内服：**以盐酸氯丙嗪计，一次量，每 1kg 体重，犬、猫 2~3mg。 **肌内注射：**以盐酸氯丙嗪计，一次量，每 1kg 体重，马、牛 0.5~1mg；羊、猪 1~2mg；犬、猫 1~3mg；虎 4mg；熊 2.5mg；单峰骆驼 1.5~2.5mg；野牛 2.5mg；恒河猴、豺 1mg	①禁止用作食品动物促生长剂。 ②过量引起的低血压禁用肾上腺素解救，但可选用去甲肾上腺素。 ③有黄疸、肝炎、肾炎的患畜及年老体弱动物慎用。 ④用药后能改变动物的大多数生理参数（呼吸、心率、体温等），临床检查时需注意。 ⑤动物可食组织中不得检出。 ⑥静脉注射前应进行稀释，注射速度宜慢。 ⑦不可与 pH5.8 以上的药液配伍，如青霉素钠（钾）、戊巴比妥钠、苯巴比妥钠、氨茶碱和碳酸氢钠等。 ⑧牛、羊、猪 28 日；弃奶期 7 日（注射液）

续表

药物名称	制剂、规格	适应证、用法及用量	作用特点、注意事项
溴化钠 Sodium Bromide		镇静药。用于缓解中枢神经兴奋性症状 内服：一次量，马 10~50g；牛 15~60g；羊、猪 5~15g；犬 0.5~2g	休药期：无需制定

5.3 抗惊厥药

药物名称	制剂、规格	适应证、用法及用量	作用特点、注意事项
硫酸镁 Magnesium Sulfate	硫酸镁注射液 （1）10ml：1g （2）10ml：2.5g	抗惊厥药。主要用于破伤风及其他痉挛性疾病。 静脉注射：一次量，马、牛 10~25g；羊、猪 2.5~7.5g。 静脉、肌内注射：一次量，犬、猫 1~2g	①静脉注射宜缓慢，遇有呼吸麻痹等中毒现象时，应立即静脉注射钙剂解救。 ②患有肾功能不全、严重心血管疾病、呼吸系统疾病的患畜慎用或不用。 ③与硫酸黏菌素、硫酸链霉素、葡萄糖酸钙、盐酸普鲁卡因、四环素、青霉素等药物存在配伍禁忌。 ④在某些情况(如机体脱水、肠炎等)

药物名称	制剂、规格	适应证、用法及用量	作用特点、注意事项
			下，镁离子吸收增多会产生毒副作用。 ⑤因易继发胃扩张，不适用于小肠便秘的治疗。 ⑥肠炎患畜不宜内服本品
苯巴比妥 Phenobarbital	苯巴比妥片 （1）15mg （2）30mg （3）100mg 注射用苯巴比妥钠 （1）0.1g （2）0.5g	巴比妥类药。用于缓解脑炎、破伤风、士的宁中毒所致的惊厥，也可用于犬、猫的镇静及癫痫治疗。 **内服**：一次量，每1kg体重，犬、猫6~12mg。 **肌内注射**：一次量，羊、猪0.25~1g；每1kg体重，犬、猫6~12mg	①肝肾功能不全、支气管哮喘或呼吸抑制的患畜禁用。严重贫血、有心脏疾患的患畜及孕畜慎用。 ②中毒时可用安钠咖、戊四氮、尼可刹米等中枢兴奋药解救。 ③内服中毒的初期，可先用1∶2000的高锰酸钾洗胃，再以硫酸钠（忌用硫酸镁）导泻，并结合用碳酸氢钠碱化尿液以加速药物排泄。 ④注射用的水溶液不可与酸性药物配伍。 ⑤休药期：28日；弃奶期7日（注射用苯巴比妥钠）

5.4 麻醉性镇痛药

药物名称	制剂、规格	适应证、用法及用量	作用特点、注意事项
吗啡 Morphine	**盐酸吗啡注射液** （1）1ml：10mg （2）10ml：100mg	镇痛药。用于缓解剧痛和犬的麻醉前给药。 **皮下、肌内注射**：以盐酸吗啡计，一次量，每1kg体重，镇痛，马 0.1~0.2mg，犬 0.5~1mg；麻醉前给药，犬 0.5~2mg	①胃扩张、肠阻塞及臌胀者禁用，肝、肾功能异常者慎用。 ②禁与氯丙嗪、异丙嗪、氨茶碱、巴比妥类等药物混合注射。 ③不宜用于产科阵痛
哌替啶 Pethidine （度冷丁）	**盐酸哌替啶注射液** （1）1ml：25mg （2）1ml：50mg （3）2ml：100mg	镇痛药。用于缓解创伤性疼痛和某些内脏疾患的剧痛。 **皮下、肌内注射**：以盐酸哌替啶计，一次量，每 1kg 体重，马、牛、羊、猪 2~4mg；犬、猫 5~10mg	①患有慢性阻塞性肺部疾患、支气管哮喘、肺源性心脏病和严重肝功能减退的患畜禁用。 ②不宜用于妊娠动物、产科手术。 ③对注射部位有较强刺激性。 ④过量中毒时，除用纳洛酮对抗呼吸抑制外，尚需配合使用巴比妥类药物以对抗惊厥

5.5 全身麻醉药

5.5.1 诱导麻醉药

药物名称	制剂、规格	适应证、用法及用量	作用特点、注意事项
丙泊酚 Propofol（异丙酚）	**丙泊酚注射液** Propofol Injection （1）20ml：200mg （2）10ml：100mg （3）5ml：50mg	用于犬的诱导麻醉。 **静脉注射：**以丙泊酚计。静脉注射，单独应用时，每1kg体重，犬5.5mg，40~60秒注完。当有麻醉前给药时，给药剂量和给药速率参考下表或视患犬情况确定	①本品使用期间，应保持犬呼吸道畅通并加强连续监护，确保人工通气和供氧可随时实施。当使用丙泊酚维持麻醉时，患犬有可能快速觉醒，应仔细对患犬进行监测，因为在给予丙泊酚麻醉维持剂量后可能会出现呼吸暂停；从丙泊酚诱导麻醉过渡到给予吸入麻醉剂维持麻醉时，需给予额外低剂量的丙泊酚进行过渡，过渡期给予丙泊酚剂量也可能会出现呼吸暂停；给予吸入麻醉剂维持麻醉时也可给予丙泊酚来提高麻醉的深度，在这过程中给予丙泊酚也可能会导致出现呼吸暂停。

麻醉前给药	丙泊酚诱导剂量	给药时间	给药速率	
	$mg \cdot kg^{-1}$	秒	$mg \cdot kg^{-1} \cdot min^{-1}$	$ml \cdot kg^{-1} \cdot min^{-1}$
无	5.5	40~60	5.5~8.3	0.55~0.83
乙酰丙嗪	3.7	30~50	4.4~7.4	0.44~0.74
乙酰丙嗪/羟吗啡酮	2.6	30~50	3.1~5.2	0.31~0.52

续表

药物名称	制剂、规格	适应证、用法及用量	作用特点、注意事项
			②本品必须由执业兽医使用。 ③本品使用前应摇动混匀，只能使用溶液均匀和容器完好的产品。 ④本品不含防腐剂，在处理本品时要严格遵守无菌技术。若怀疑药品被污染,应禁止使用。 ⑤本品仅通过静脉注射给药。开启后应立即将瓶内药液抽入无菌注射器,每支注射器仅用于同一只患犬。未使用的药品应在6小时内丢弃。给药前不得与其他治疗药物混合使用。 ⑥合并麻醉前给药可能增加丙泊酚的麻醉或镇静效果,并且收缩压、舒张压、平均动脉血压发生明显变化。 ⑦本品在孕犬和种犬中使用的安全性尚不明确。和其他全身麻醉药一样,

续表

药物名称	制剂、规格	适应证、用法及用量	作用特点、注意事项
			本品可透过胎盘，并可能与新生犬的抑郁有关。 ⑧本品尚未在小于10周龄的犬进行使用评价。 ⑨老年或体弱的患犬使用本品的剂量需调整。本品对于肾功能衰竭和（或）肝功能衰竭的患犬的给药机制尚不明确。与其他麻醉剂合用时，应加强对心脏、呼吸、肾脏或肝脏损伤或低血容性患犬的监护。 ⑩本品对视觉猎犬具有较好的诱导麻醉和维持效果，但麻醉恢复时间会延长。 ⑪本品和其他麻醉药类似，可增加对肾上腺素诱发的室性心律失常的心肌敏感性。临床研究中使用丙泊酚进行诱导麻醉和麻醉维持的145只动物

续表

药物名称	制剂、规格	适应证、用法及用量	作用特点、注意事项
			中，观察到有2只出现与丙泊酚有关的短暂室性心律失常。 ⑫犬外周血管注射本品不产生局部组织反应。 ⑬本品非人用药，请置于儿童不可触及处。 ⑭自我给药的罕见病例已有报告，包括死亡。应通过获取权限的限制和采取适合于临床背景的药物问责程序等措施，来预防转移的风险。 ⑮请小心使用，避免意外自我注射。药物过量可能会导致心肺抑制。出现呼吸抑制时应尽快将药物从人体接触部位清除，采取人工通气和供氧治疗，并寻求医疗救助。 ⑯对肌松药过敏者可能对丙泊酚过敏，应谨慎使用本

续表

药物名称	制剂、规格	适应证、用法及用量	作用特点、注意事项
			品，避免引起过敏反应。 ⑰避免吸入本品，避免皮肤、眼睛直接接触本品。若不慎接触，使用大量的水冲洗15分钟。若存在持续刺激反应，请尽快就医。 ⑱本品不能冰冻
硫喷妥钠 Thiopental Sodium	**注射用硫喷妥钠** 按$C_{11}H_{17}N_2NaO_2S$计算 （1）0.5g （2）1g	巴比妥类药。用于动物的基础麻醉。 **静脉注射：**一次量，每1kg体重，马、牛、羊、猪10~15mg；犊15~20mg；犬、猫20~25mg；临用前，加灭菌注射用水或氯化钠注射液配成2.5%溶液	①药液只供静脉注射，对巴比妥类药物有过敏史和心血管疾病患畜禁用。 ②肝、肾功能障碍，重病，衰弱，休克，腹部手术，支气管哮喘（可引起喉头痉挛、支气管水肿）等情况下禁用。 ③因溶液碱性很强，因此静脉注射时不可漏出血管外，否则易引起静脉周围组织炎症；而快速静脉注射会引起明显的血管扩张和高血糖。 ④反刍动物麻醉

药物名称	制剂、规格	适应证、用法及用量	作用特点、注意事项
			前注射阿托品，可减少腺体分泌。 ⑤因本品可引起溶血，因此不得使用浓度小于2%的注射液。 ⑥本品过量引起的呼吸与循环抑制，除采用支持性呼吸疗法和心血管支持药物（禁用肾上腺素类药物）外，还可用戊四氮等呼吸中枢兴奋药解救
盐酸右美托咪定 Dexmedetomidine Hydrochloride （多咪静）	**盐酸右美托咪定注射液** 10ml∶5mg	用于犬猫的镇静剂和止痛剂，便于临床检查、临床治疗、小的手术和小的牙处理。也可用于犬深度麻醉前的前驱麻醉剂。 **用于犬的镇静和止痛**：肌内注射，500μg/kg；或静脉注射，375μg/kg。 **用于犬的前驱麻醉剂**：肌内注射，125μg/kg或	①在使用右美托咪定前应对犬、猫禁食12小时。 ②为防止镇静状态下由于黑暗反射引起的角膜干燥，可以使用润滑剂。 ③注射本品后，动物应先休息15分钟；5~15分钟产生镇静及止痛作用，注射后15~30分钟达到最佳效果。 ④注意μg/kg剂量是随着体重的增加而减少。 ⑤禁用于具有下

续表

药物名称	制剂、规格	适应证、用法及用量	作用特点、注意事项
		375μg/kg。前驱麻醉剂量根据手术过程和程度而制定，也可按照麻醉制度确定。 用于猫的镇静和止痛：肌内注射，40μg/kg	列症状的犬、猫：心血管病症、呼吸系统病症、肝肾病症或由炎热、寒冷或疲劳引起的条件性休克、重度虚弱或应激。 ⑥使用右美托咪定注射液引发的副反应可采用阿替美唑注射液进行救治。由于右美托咪定的镇静与止痛作用被逆转，恢复之后依然会有痛感，仍需要护理。 ⑦在接触已被镇静的动物时要多加小心，任何操作或突然的刺激均可能引起看似深度镇静的动物表现出具有攻击性的自我保护行为。 ⑧避免儿童接触本品。操作时应该特别小心，避免身体的任何部位直接接触本品。如不慎接触眼睛，立即用清水连续冲洗15分

续表

药物名称	制剂、规格	适应证、用法及用量	作用特点、注意事项
			钟以上。如不慎接触皮肤，立即用肥皂水洗净，并脱去被污染的衣物。局部接触、口腔接触或发生误注射均可引起相应反应，包括产生镇静、低血压以及心动过缓等症状，如发生上述情况应立即寻求医生诊治。 ⑨请在兽医指导下使用
盐酸替来他明盐酸唑拉西泮 Tiletamine Hydrochloride and Zolazepam Hydrochloride （舒泰 50）	**注射用盐酸替来他明盐酸唑拉西泮** （1）替来他明 125mg + 唑拉西泮 125mg （2）替来他明 250mg + 唑拉西泮 250mg	用于犬、猫的保定和全身麻醉。 使用前用包装内无菌注射用水溶解固体瓶内粉末。 **术前用药：**在注射本品 15 分钟前使用硫酸阿托品。 **皮下注射：**每 1kg 体重，犬 0.1mg，猫 0.05mg。 **全身麻醉：**首次剂量，肌内注射，每 1kg 体重，	①在兽医指导下使用。 ②实施麻醉前禁食 12 小时。 ③确保动物在安静和凉暗的环境下苏醒。 ④注意动物保温，防止热量散失过多。 ⑤本品稀释后，室温避光保存 48 小时或 2~8 ℃避光保存 8 天

续表

药物名称	制剂、规格	适应证、用法及用量	作用特点、注意事项
		犬7~25mg，猫10~15mg。或静脉注射，每1kg体重，犬5~10mg，猫5~7.5mg。维持剂量，为首次剂量的1/3~1/2，最好采用静脉注射	

5.5.2 吸入麻醉药

药物名称	制剂、规格	适应证、用法及用量	作用特点、注意事项
异氟醚 Isoflurane（异氟烷）	100ml	吸入全麻药。用于犬外科手术的麻醉诱导和麻醉维持。 **麻醉诱导：**使用巴比妥类药麻醉剂后，在2.0% ~ 2.5%的异氟烷与氧气混合气中进行，通常在5 ~ 10分钟内产生麻醉。 **麻醉维持：**对于维持麻醉必要的蒸气浓度应远小于麻醉诱导要求的剂量，在	①异氟烷为深度呼吸抑制剂，犬在吸入麻醉时必须被严密监测，必要时需提供支持。 ②异氟烷与常规麻醉剂合用，有协同作用。 ③使用本品增加麻醉深度可能会造成低血压和呼吸抑制，深度麻醉的脑电图以暴发抑制、尖峰和等电点标记。 ④麻醉程度可能会很容易并且很快发生改变，仅使用气化器来制造可控

5 中枢神经系统药物

续表

药物名称	制剂、规格	适应证、用法及用量	作用特点、注意事项
		1.5%~1.8%异氟烷与氧气的混合气中进行。在麻醉维持阶段如果忽略其他复杂问题，血压水平与异氟烷浓度呈反函数关系。血压过多地降低（除非涉及血容量减少）可能是由于深度麻醉造成。这种情况下，可通过减轻麻醉程度来矫正。异氟烷麻醉后恢复平稳	的异氟烷使用浓度。 ⑤异氟烷可增强非去极化肌松药的作用，这些药物用量应少于常规剂量。如果非去极化肌松药使用了常规剂量，那么使用了异氟烷的动物相比使用其他常用麻醉剂的动物，其肌神经阻滞的复苏时间较长。 ⑥未获得足够多的关于异氟烷在怀孕和分娩犬中使用的安全性数据。 ⑦一旦过量使用或可能发生过量使用，应停止药物使用，确保气管畅通并依据情况启动纯氧气辅助或控制设备。 ⑧操作时应提供足够的通气设备以防止麻醉气体聚集。 ⑨术前用药方法，需根据患犬的情况而定，为了避免吸

续表

药物名称	制剂、规格	适应证、用法及用量	作用特点、注意事项
			入过程中受到刺激，可能还需准备抗胆碱药、镇定药、肌松药和短效巴比妥类药
七氟烷 Sevoflurane	吸入用七氟烷 120ml	用于犬外科手术的麻醉诱导和麻醉维持。 **麻醉前给药：** 七氟烷无特别的麻醉前给药须知和禁忌。兽医可决定有无术前给药的必要，及选择药物。术前给药的使用浓度应低于作为单一药物时的使用浓度。 **麻醉诱导：** 对健康犬使用七氟烷面罩吸入诱导时，七氟烷7%吸入浓度可达到外科麻醉，麻醉维持3～14分钟。由于麻醉深度易改变，且有剂量依赖性，因此应注意预防用药过量。必须密	①由于七氟烷麻醉深度变化迅速，必须使用经特殊校准过的专用挥发器，以便能准确地控制七氟烷的浓度。由于七氟烷产品中没有稳定剂，因此不会影响挥发器的校准和使用。 ②使用七氟烷时，必须对犬实时监控，维持呼吸道通畅，人工通气、氧气供给的设备必须准备好以便随时使用。监测指标：a.呼吸作用和通风情况；b.心律/节奏，血压；c.麻醉程度。 ③替换干燥的 CO_2 吸收剂：当 CO_2 吸收剂可能已干燥时，应及时替换。七氟烷与 CO_2 吸收

5 中枢神经系统药物

续表

药物名称	制剂、规格	适应证、用法及用量	作用特点、注意事项
		切监控呼吸状态，必要时应进行补氧或其他辅助通气。 **维持：**七氟烷可在面罩诱导或药物注射诱导之后用于麻醉维持。维持麻醉的吸入浓度远低于诱导浓度。无术前给药情况下，七氟烷 3.7% ~ 4.0% 吸入浓度可维持外科麻醉，有术前给药情况下，吸入浓度为 3.3% ~ 3.6%。无术前给药的注射麻醉对七氟烷维持麻醉无明显影响。使用阿片样药物、α_2-地西泮激动剂或吩噻嗪术前给药可降低七氟烷维持麻醉的浓度。 **犬/猫：**无循	剂接触可发生产热反应。当 CO_2 吸收剂干燥时，产热反应会加剧。 ④一旦过量使用或可能发生过量使用，应停止药物使用，确保气管畅通并依据情况启动纯氧气辅助或控制设备。 ⑤操作时应提供足够的通气设备以防止麻醉气体聚集。 ⑥术前用药方法，需根据患犬的情况而定，为了避免吸入过程中受到刺激，可能还需准备抗胆碱药、镇定药、肌松药和短效巴比妥类药。 ⑦不要与金属发生反应

续表

药物名称	制剂、规格	适应证、用法及用量	作用特点、注意事项
		环呼吸系统时使用面罩诱导麻醉更容易（尤其是猫），通常初始浓度为4%~4.5%。使用挥发器时可使用最高浓度8%。当动物失去意识时应及时降低浓度	

5.5.3 非吸入麻醉药

药物名称	制剂、规格	适应证、用法及用量	作用特点、注意事项
异戊巴比妥 Amobarbital	**注射用异戊巴比妥钠** （1）0.1g （2）0.25g	巴比妥类药物。用于中小动物的镇静、抗惊厥和麻醉。 **静脉注射：**以异戊巴比妥钠计，一次量，每1kg体重，猪、犬、猫、兔2.5~10mg。临用前用灭菌注射用水配成3%~6%的溶液	①肝功能、肾功能及肺功能不全患畜禁用。 ②苏醒期较长，动物手术后在苏醒期应加强护理。 ③本品中毒可用戊四氮等解救。 ④静脉注射不宜过快，否则可出现呼吸抑制或血压下降。 ⑤休药期：猪28日

药物名称	制剂、规格	适应证、用法及用量	作用特点、注意事项
氯胺酮 Ketamine	**盐酸氯胺酮注射液** （1）2ml：0.1g （2）2ml：0.3g （3）10ml：0.1g （4）20ml：0.2g **复方氯胺酮注射液**（盐酸氯胺酮、盐酸赛拉嗪、盐酸苯乙哌酯）	全身麻醉药。用于家畜和野生动物的全身麻醉和化学保定。 **静脉注射：**以氯胺酮计，一次量，每1kg体重，马、牛2~3mg；羊、猪2~4mg。 **肌内注射：**以氯胺酮计，一次量，每1kg体重，羊、猪10~15mg；犬10~20mg；猫20~30mg；灵长动物5~10mg；熊8~10mg；鹿10mg；水貂6~14mg。 **肌内注射**（复方氯胺酮注射液）：每10kg体重，猪1ml，犬0.33~0.67ml；猫0.17~0.2ml；马、鹿0.15~0.25ml	①可使动物血压升高、唾液分泌增多、呼吸抑制和呕吐等。 ②高剂量可产生肌肉张力增加、惊厥、呼吸困难、痉挛、心搏暂停和苏醒期延长等。 ③反刍动物应用时，麻醉前常需要禁食12~24小时，并给予小剂量阿托品抑制腺体分泌；常与赛拉嗪合用，可得到较好的麻醉效果。 ④马静脉注射应缓慢。 ⑤对咽喉或支气管的手术或操作，不宜单用本品，必须合用肌肉松弛剂。 ⑥驴、骡对本品不敏感，不宜应用。 ⑦怀孕后期动物禁用。 ⑧休药期：牛、羊、猪28日（暂定）；弃奶期7日（暂定）（盐酸氯胺酮注射

续表

药物名称	制剂、规格	适应证、用法及用量	作用特点、注意事项
			液）。畜、禽28日；弃奶期7日（复方氯胺酮注射液）
水合氯醛 Chloral Hydrate	含 $C_2H_3Cl_3O_2$ 不得少于99.0%	全身麻醉药。用于镇静和基础麻醉。作为镇静药主要用于马属动物急性胃扩张、肠阻塞、痉挛性腹痛、子宫及直肠脱出，食道、肠管、膀胱痉挛等；作为抗惊厥药可用于破伤风、脑炎、士的宁及其他中枢兴奋药中毒所致的惊厥。 内服、灌肠：一次量，马、牛10~25g；羊、猪2~4g；犬0.3~1g	①内服或灌肠应加黏浆剂。 ②本品对局部组织有强烈刺激性。 ③可引起牛、羊等动物唾液分泌大量增加。 ④对呼吸中枢有较强的抑制作用。对肝、肾有一定的损害作用。 ⑤休药期：牛、羊、猪28日(暂定)；弃奶期7日（暂定）

5.6 化学保定药

5.6.1 α_2 肾上腺素能受体激动剂

药物名称	制剂、规格	适应证、用法及用量	作用特点、注意事项
赛拉嗪 Xylazine	盐酸赛拉嗪注射液 （1）5ml：0.1g （2）10ml：0.2g （3）2ml：0.2g	化学保定药。有镇静、镇痛和骨骼肌松弛作用，主要用于家畜和野生动物的化学保定和基础麻醉作用。 **肌内注射**：以赛拉嗪计，一次量，每1kg体重，马1~2mg；牛 0.1~0.3mg；羊 0.1~ 0.2mg；犬、猫 1~2mg；鹿 0.1~0.3mg	①产奶动物禁用。 ②马静脉注射速度宜慢，给药前可先注射小剂量阿托品，以免发生心脏传导阻滞。 ③牛用本品前应禁食一定时间，并注射阿托品；手术时应采用伏卧姿势，并将头放低，以防异物性肺炎及减轻瘤胃胀气时压迫心肺。妊娠后期牛不宜应用。 ④犬、猫用药后可引起呕吐。 ⑤有呼吸抑制、心脏病、肾功能不全等症状的患畜慎用。 ⑥中毒时，可用 α_2 受体阻断药及阿托品等解救。 ⑦休药期：牛、羊 14 日，鹿 15 日
赛拉唑 Xylazole	盐酸赛拉唑注射液	化学保定药。有镇静、镇痛和	①马属动物静脉注射速度宜慢，给

药物名称	制剂、规格	适应证、用法及用量	作用特点、注意事项
	（1）5ml：0.1g （2）10ml：0.2g	骨骼肌松弛作用，主要用于家畜和野生动物的化学保定，也可用于基础麻醉。 **肌内注射**：以盐酸赛拉唑计，一次量，每1kg体重，马、骡0.5~1.2mg；驴1~3mg；黄牛、牦牛 0.2~0.6mg；水牛0.4~1mg；羊1~3mg；鹿2~5mg	药前可先注射小剂量阿托品，以免发生心脏传导阻滞。 ②牛用本品前应禁食一定时间，并注射阿托品；手术时应采用伏卧姿势，并将头放低，以防异物性肺炎及减轻瘤胃胀气时压迫心肺。妊娠后期牛不宜应用。 ③有呼吸抑制、心脏病、肾功能不全等症状的患畜慎用。 ④中毒时，可用α_2受体阻断药及阿托品等解救。 ⑤休药期：28日；弃奶期7日

5.6.2　骨骼肌松弛药

药物名称	制剂、规格	适应证、用法及用量	作用特点、注意事项
琥珀胆碱 Suxamethonium	**氯化琥珀胆碱注射液** （1）1ml：50mg	骨骼肌松弛药。主要用于动物的化学保定和外科辅助麻醉	①年老体弱、营养不良及妊娠动物禁用。 ②高血钾、心肺疾患、电解质紊乱

续表

药物名称	制剂、规格	适应证、用法及用量	作用特点、注意事项
	（2）2ml：0.1g	肌内注射：一次量，每1kg体重,马0.07~0.2mg;牛0.01~0.016mg;猪2mg；犬、猫0.06~0.11mg；鹿0.08~0.12mg	和使用抗胆碱酯酶药时慎用。 ③水合氯醛、氯丙嗪、普鲁卡因和氨基糖苷类抗生素能增强本品的肌松作用和毒性，不可合用；与新斯的明、有机磷类化合物同时应用，可使作用和毒性增强；噻嗪类利尿药可增强琥珀胆碱的作用。 ④反刍动物对本品敏感，用药前应停食半日，以防影响呼吸或造成异物性肺炎，用药前可注射阿托品以制止唾液腺和支气管腺的分泌。 ⑤用药过程中如发现呼吸抑制或停止时，应立即将舌拉出，施以人工呼吸或输氧，同时静脉注射尼可刹米，但不可应用新斯的明解救。 ⑥琥珀胆碱在碱性溶液中可水解失效

6 解热镇痛抗炎药

6.1 非甾体解热镇痛抗炎药

解热镇痛抗炎药，又称非甾体类抗炎药，是一类具有退热、减轻局部钝痛和抗炎、抗风湿作用的药物。

按化学结构可分为苯胺类（对乙酰氨基酚）、吡唑酮类（氨基比林、安乃近等）和有机酸类（阿司匹林）等。各类药物均有镇痛作用，对于炎性疼痛，吲哚类和芬那酸类的效果好，吡唑酮类和水杨酸类次之；在解热和抗炎作用上，苯胺类、吡唑酮类和水杨酸类解热作用较好；阿司匹林、吡唑酮类和吲哚类的抗炎、抗风湿作用较强，其中阿司匹林疗效确实、不良反应少，为抗风湿首选药。苯胺类几乎无抗风湿作用。

药物名称	制剂、规格	适应证、用法及用量	作用特点、注意事项
阿司匹林 Aspirin （乙酰水杨酸）	阿司匹林片 0.3g 0.5g	解热镇痛药。用于发热性疾患、肌肉痛、关节痛。 **内服：**以阿司匹林计，一次量，马、牛15~30g；羊、猪1~3g，犬0.2~1g	①奶牛泌乳期禁用。 ②猫因缺乏葡萄糖苷酸转移酶，对本品代谢很慢，容易造成药物蓄积，故对猫的毒性很大。 ③胃炎、胃溃疡患畜慎用，与碳酸钙同服，可减少对

续表

药物名称	制剂、规格	适应证、用法及用量	作用特点、注意事项
			胃的刺激。不宜空腹投药。发生出血倾向时，可用维生素 K 治疗。 ④解热时，动物应多饮水，以利于排汗和降温，否则会因出汗过多而造成水和电解质平衡失调或虚脱。 ⑤老龄动物、体弱或体温过高患畜，解热时宜用小剂量，以免大量出汗而引起虚脱。 ⑥动物发生中毒时，可采取洗胃、导泻、内服碳酸氢钠及静脉注射 5% 葡萄糖和 0.9% 氯化钠等解救。 ⑦休药期：无需制定
对乙酰氨基酚 Paracetamol （扑热息痛）	**对乙酰氨基酚片** 0.3g 0.5g **对乙酰氨基酚注射液** 1ml ∶ 75mg	解热镇痛药。用于发热、肌肉痛、关节痛和风湿症。如犬发热、关节痛、疝痛和风湿病、术后止痛等。 **内服**：以对乙	①猫禁用，因给药后可引起严重的毒性反应。 ②大剂量可引起肝、肾损害，在给药后 12 小时内使用乙酰半胱氨酸或蛋氨酸可以预防肝

兽医临床用药指南

续表

药物名称	制剂、规格	适应证、用法及用量	作用特点、注意事项
	2ml ∶ 0.25g 5ml ∶ 0.5g 10ml ∶ 1g 20ml ∶ 2g **对乙酰氨基酚栓** 0.3g	酰氨基酚计，一次量，马、牛 10~20g；羊 1~4g；猪 1~2g；犬 0.1~1g。 **肌内注射：**以对乙酰氨基酚计，一次量，马、牛 5~10g；羊 0.5~2g；猪 0.5~1g；犬 0.1~0.5g。 **便后将栓置于直肠：**犬，体重 10kg 以内，一次 1 粒；体重大于 10kg，一次 2 粒。一日 2 次	损害。肝、肾功能不全的患畜及幼畜慎用。 ③肝、肾功能不全的患畜和幼畜慎用
安乃近 Metamizole Sodium	**安乃近片** 0.25g 0.5g **安乃近注射液** 2ml ∶ 0.5g 5ml ∶ 1.5g 10ml ∶ 3g 20ml ∶ 6g 5ml ∶ 2g	解热镇痛类抗炎药。用于肌肉痛、风湿症、发热性疾患和疝痛等。 **内服：**以安乃近计，一次量，马、牛 4~12g；羊、猪 2~5 片；犬 0.5~1g。	①可抑制凝血酶原的合成，加重出血倾向。 ②注射时不宜穴位注射，尤其不适于关节部位注射，否则可能引起肌肉萎缩和关节功能障碍。 ③休药期：牛、羊、猪 28 日；弃

续表

药物名称	制剂、规格	适应证、用法及用量	作用特点、注意事项
		肌内注射：以安乃近计，一次量，马、牛 3~10g；羊 1~2g；猪 1~3g；犬 0.3~0.6g	奶期 7 日（片剂、注射液）
安痛定 Antondine （含氨基比林 5%、安替比林 2%、巴比妥 0.9%）	**安痛定注射液** 5ml 10ml 20ml 50ml	解热镇痛类抗炎药。用于发热性疾患、关节痛、肌肉痛和风湿症等。 **肌内或皮下注射：**以本品计，一次量，马、牛 20~50ml；羊、猪 5~10ml	①可引起粒性白细胞减少症，长期应用时注意定期检查血象。 ②休药期：牛、羊、猪 28 日；弃奶期 7 日
复方氨基比林 Compound Aminophena-zone （含氨基比林、巴比妥）	**复方氨基比林注射液** 5ml 10ml 20ml 50ml	解热镇痛药。主要用于马、牛、羊、猪等动物的解热和抗风湿，也可用于马和骡的疝痛，但镇痛效果较差。 **肌内、皮下注射：**一次量，马、牛 20~50ml；羊、猪 5~10ml	①连续长期使用可引起粒性白细胞减少症，应定期检查血象。 ②休药期：牛、羊、猪 28 日；弃奶期 7 日
萘普生 Naproxen	**萘普生片** 0.1g 0.125g 0.25g	解热镇痛药。用于肌炎、软组织炎症疼痛所致的跛行和关节	①本品可增强双香豆素等的抗凝血作用，引起中毒和出血反应，原因是

兽医临床用药指南

续表

药物名称	制剂、规格	适应证、用法及用量	作用特点、注意事项
	萘普生注射液 2ml：0.1g 10ml：0.5g 2ml：0.2g 10ml：1g 5ml：0.125g	炎等。 **内服**：以萘普生计，一次量，每 1kg 体重，马 5~10mg；犬 2~5mg。 **静脉注射**：以萘普生计，一次量，每 1kg 体重，马 5mg	萘普生能与血浆蛋白竞争性结合，使游离型抗凝血药比例增多。 ②与呋塞米或氢氯噻嗪等合用，可使后者的排钠利尿效果下降。 ③丙磺舒可增加本品的血药浓度，明显延长本品的血浆消除半衰期。阿司匹林可加速本品的排出。 ④犬对本品敏感，可见溃疡出血或肾损伤，慎用。 ⑤消化道溃疡患畜慎用
氟尼辛葡甲胺 Flunixin meglumine	**氟尼辛葡甲胺注射液** 按 $C_{14}H_{11}F_3N_2O_2$ 计算 2ml：10mg 2ml：100mg 5ml：250mg 10ml：0.5g 50ml：0.25g 50ml：2.5g 100ml：0.5g 100ml：5g	解热镇痛抗炎药，用于家畜及小动物发热性、炎症性疾患，肌肉痛和软组织痛等。 **肌内、静脉注射**：以氟尼辛计，一次量，每 1kg 体重，牛、猪 2mg；犬、猫 1~2mg。一日 1~2	①消化道溃疡患畜慎用。 ②不可与其他非甾体抗炎药同时使用。 ③休药期：牛、猪 28 日（注射液）

6 解热镇痛抗炎药

续表

药物名称	制剂、规格	适应证、用法及用量	作用特点、注意事项
	氟尼辛葡甲胺颗粒 按$C_{14}H_{11}F_3N_2O_2$计算 5%	次，连用不超过5日。 内服：一次量，每1kg体重，犬、猫2mg，一日1~2次，连用不超过5日	
美洛昔康 Meloxicam	美洛昔康注射液 1ml：5mg 5ml：25mg 50ml：250mg 2ml：4mg 20ml：40mg 20ml：400mg 50ml：1g 100ml：2g 250ml：5g 美洛昔康内服混悬液 10ml：15mg 32ml：48mg 100ml:150mg 美洛昔康片 （1）2.5mg （2）2mg	非甾体抗炎药（NSAIDs）。国内制剂用于控制犬骨关节炎引起的疼痛及术后疼痛。进口制剂，与适宜的抗生素合用，辅助治疗牛急性呼吸道感染以缓解牛的临床症状；与口服补液合用，辅助治疗腹泻以缓解超过一周龄的小牛与青年非泌乳牛的临床症状；与抗生素合用，辅助治疗牛急性乳腺炎。也用于猪非感染性运动异常以减轻跛行与炎症；与适宜的	①不推荐用于妊娠期、泌乳期或不足6周龄的犬。禁用于治疗一周龄以内的牛的腹泻。 ②禁用于对本品过敏的动物。 ③存在肾毒性的潜在风险，慎用于脱水、血容量减少或低血压的动物。 ④禁用于胃肠道溃疡或出血，肝脏、心脏或肾脏功能受损及出血异常的动物。 ⑤禁与糖皮质激素、其他非类固醇类消炎药或抗凝血剂合用。 ⑥对NSAIDs过敏的人应避免接触本品。远离儿童。 ⑦休药期：牛15

续表

药物名称	制剂、规格	适应证、用法及用量	作用特点、注意事项
		抗生素合用，辅助治疗猪产后败血症与毒血症（乳腺炎－子宫炎－少乳综合征）。 **皮下注射**：每1kg体重，犬首次量0.2mg，维持量0.1mg，一日1次,连用7日。 **皮下或静脉注射**：与适宜的抗生素或口服补液合用，一次量，每1kg体重，牛0.5mg（进口兽药）。 **肌内注射**：与适宜的抗生素合用，一次量，每1kg体重，猪0.4mg,若需要，24小时后再注射1次（进口兽药）。 **内服**：用前充分摇匀，每1kg	日，弃奶期5日；猪5日

续表

药物名称	制剂、规格	适应证、用法及用量	作用特点、注意事项
		体重，犬首次量0.2mg，维持量0.1mg，一日1次，连用7日。因存在个体差异，请遵医嘱。 **内服**：每1kg体重，犬0.1mg，一日1次，首次加倍。连用3~4日（片剂）	
水杨酸钠 Sodium Salicylate	**水杨酸钠注射液** 10ml ∶ 1g 20ml ∶ 2g 50ml ∶ 5g **复方水杨酸钠注射液（水杨酸钠、氨基比林、巴比妥）** 20ml 50ml 100ml	解热镇痛药。用于风湿症、关节痛和肌肉痛等。 **静脉注射**：一次量，马、牛10~30g；羊、猪2~5g；犬0.1~0.5g。 **静脉注射**：一次量，马、牛100~200ml；羊、猪20~50ml（复方水杨酸钠注射液）	①本品仅供静脉注射，不能漏出血管外。 ②猪中毒时出现呕吐、腹痛等症状，可用碳酸氢钠解救。 ③有出血倾向、肾炎及酸中毒的患畜禁用。 ④无需制定休药期
非罗考昔 Firocoxib	**非罗考昔咀嚼片** 57mg 227mg	非甾体抗炎药。可用于治疗犬骨关节炎及临床手术等引起	①禁用于怀孕、哺乳期母犬，以及10周龄以下、体重3kg以下的犬。

续表

药物名称	制剂、规格	适应证、用法及用量	作用特点、注意事项
		的急性、慢性疼痛和炎症。 **内服：**每 1kg 体重，犬 5mg，每日一次。用于治疗临床手术等引起的急性疼痛和炎症时，动物可在手术前约 2 小时开始给药，连续给药 3 日，可根据兽医的建议按相同剂量继续用药。 体重为 3~5.5kg 的犬，使用 57mg 规格 0.5 片；体重为 5.6~10kg 的犬，使用 57mg 规格 1 片；体重为 10.1~15kg 的犬，使用 57mg 规格 1.5 片；体重为 15.1~22kg 的犬，使用 227mg 规格 0.5 片；体重为 22.1~45kg 的犬，使用 227mg 规格 1 片；体重为 45.1~68kg 的犬，使用 227mg	②禁用于患有胃肠出血、血液恶液质或出血性疾病的犬；禁用于任何脱水、血容量减少或低血压的犬。 ③禁止与糖皮质激素类或其他非类甾体类抗炎药联合使用；禁止与其他有潜在的肾脏毒性的药物同时使用。 ④如果出现以下任何反应应停止治疗：反复腹泻、呕吐、粪便潜血、体重突然减轻、厌食、嗜睡、肝肾生化指标下降等。 ⑤将未使用的半片放回原包装内，最多保存 7 日。 ⑥勿超剂量使用。 ⑦使用本品后请洗手。 ⑧本品应存放于儿童触及不到之处

药物名称	制剂、规格	适应证、用法及用量	作用特点、注意事项
		规格 1.5 片；体重为 68.1~90kg 的犬，使用 227mg 规格 2 片	
卡巴匹林钙 Carbasalate Calcium	**卡巴匹林钙可溶性粉** 50%	解热镇痛药。用于鸡的发热和疼痛。 **内服**：以卡巴匹林钙计，一次量，每 1kg 体重，猪 40mg，鸡 40~80mg	①产蛋供人食用的鸡，在产蛋期不得使用。 ②不得与其他水杨酸类解热镇痛药合用。 ③与糖皮质激素合用可使胃肠出血加剧。与碱性药物合用，使疗效降低，一般不宜合用。 ④连续用药不应超过 5 日。 ⑤休药期：鸡 0 日
维他昔布 Vitacoxib	**维他昔布咀嚼片** 30mg （1）8mg （2）20mg （3）30mg	用于治疗犬、猫围手术期及临床手术等引起的急性、慢性疼痛和炎症。 **内服**（以维他昔布计）：犬，每 1kg 体重 2mg，一日 1 次。建议餐后给药，术前及术后可连续给药 7 天	①对本品活性成分维他昔布或赋形剂中任何成分有过敏史的动物禁用。 ②由于非甾体类抗炎药具有潜在的产生胃溃疡和/或穿孔的风险，因此在使用本品的同时应当避免使用其他抗炎类药物，如 NSAIDs 或皮质类固醇类药。

续表

药物名称	制剂、规格	适应证、用法及用量	作用特点、注意事项
			③本品对患有胃肠道出血、血液病或其他出血性疾病的犬禁用。 ④如果患病犬、猫之前对非甾体类抗炎药不耐受，应在兽医的严格监测下使用本品。如果观察到下列症状应停止用药：反复腹泻、呕吐、粪便隐血、体重突然下降、厌食、嗜睡、肾或肝功能退化。 ⑤繁殖、妊娠或泌乳雌犬、猫，非常幼小的犬（例如10周龄以下或体重小于4kg的犬）、幼猫（例如6周龄以下或体重小于2kg的猫）或疑似和确诊有肾、心脏或肝功能损害的犬、猫，应在兽医的指导下使用。 ⑥宠物主人应该警惕诸如厌食、精神萎靡、无力等症状和体征，而且当

续表

药物名称	制剂、规格	适应证、用法及用量	作用特点、注意事项
			有上述任何症状或体征发生后应该马上寻求兽医帮助
双氯芬酸钠 Diclofenac Sodium	**双氯芬酸钠注射液** 按 $C_{14}H_{10}Cl_2NNaO_2$ 计算 （1）10ml：0.5g （2）100ml：5g	非甾体类解热镇痛抗炎药。辅助治疗奶牛临床型乳腺炎引起的发热。 **肌内注射：**每1kg体重，奶牛2.2mg，每日1次，连用3日	①禁用于肝功能、肾功能损伤的动物。 ②禁用于胃溃疡的动物。 ③休药期：牛19日；弃奶期144小时
托芬那酸 Tolfenamic Acid	**托芬那酸注射液** （1）10ml：0.4g （2）30ml：1.2g **托芬那酸片** （1）6mg （2）60mg	用于治疗犬的骨骼–关节和肌肉–骨骼系统疾病引起的炎症和疼痛；用于治疗猫发热综合征。 以托芬那酸计。每1kg体重4mg，即每10kg体重用1ml，必要时可在48小时后重复给药。犬：皮下或肌内注射。猫：仅皮下注射。 **内服：**每1kg	①患有心脏病或肝病的动物禁用本品；患有胃肠道溃疡或出血、血恶液质和对托芬那酸过敏的动物禁用本品。 ②勿超剂量使用或延长使用时间。给药后的止痛效果可能会因疼痛严重的程度不同或动物个体差异而不同。 ③勿在24小时内与其他非甾体类抗炎药同时使用。治疗细菌感染的并发炎症时，与适当

续表

药物名称	制剂、规格	适应证、用法及用量	作用特点、注意事项
		体重，犬、猫4mg，一日1次，连用3日。犬可以长期给药（连续3日给药，停药4日，持续13周）	的抗菌药联合用药可增强疗效。 ④用于6周龄以下或年老的动物，可能会有风险，如需使用，可能需要降低使用剂量并辅以临床监测，可在兽医师指导下使用。 ⑤对体重较轻的动物，建议使用胰岛素注射器，以便给予准确的剂量。 ⑥怀孕动物慎用。全麻动物请谨慎使用或在兽医师监督下使用。 ⑦在无菌条件下使用本品。 ⑧避免意外自我注射事故，如本品接触到眼睛和皮肤，迅速用水冲洗干净。 ⑨使用后瓶体及过期药物应按照当地医用废弃物法规处理。 ⑩休药期：无需制定

续表

药物名称	制剂、规格	适应证、用法及用量	作用特点、注意事项
卡洛芬 Carprofen	**卡洛芬咀嚼片（犬用）** 以$C_{15}H_{12}ClNO_2$计算 （1）25mg （2）75mg （3）100mg 卡洛芬注射液（犬用） 以$C_{15}H_{12}ClNO_2$计算 20ml ： 1.0g	用于缓解犬骨关节炎引起的疼痛和炎症，用于软组织和骨外科手术的术后镇痛。 **内服：**以卡洛芬计。每1kg体重，犬4.4mg，一日1次，或每1kg体重，犬2.2mg，一日2次。 **皮下注射：**以卡洛芬计。每1kg体重，犬4.4mg，一日1次；或每1kg体重，犬2.2mg，一日2次	①仅用于犬，不能用于猫。 ②根据犬个体的反应，尽可能使用最小推荐剂量和最短疗程进行治疗。控制术后疼痛时应在术前2小时给药。 ③禁用于对本品过敏的犬。 ④用于6周龄以下或老年犬时，可能出现其他风险，必须使用时，应降低使用剂量并加以临床管理；禁用于妊娠、配种或哺乳期的犬；禁用于具有出血性疾病（如血友病等）的犬，因在这类患犬中安全性尚未确定。 ⑤使用非甾体类抗炎药治疗前，应进行全面的病史问询和体格检查；建议用药前后进行血液学和血液生化检查；建议犬主在犬用药后注意观察潜在的毒性反应。

续表

药物名称	制剂、规格	适应证、用法及用量	作用特点、注意事项
			⑥与其他非甾体类抗炎药一样，可能具有胃肠道、肾脏或肝脏毒性。 ⑦非甾体类抗炎药治疗可使一些潜在疾病发病，如有潜在肾病的犬在使用本品后可能出现肾功能恶化或代谢紊乱；围手术期使用本品时，可在手术时采用输液疗法，以降低肾脏并发症的潜在风险。 ⑧禁用于脱水，肾功能、心血管和/或肝功能不全的犬，与利尿药合用可能增加肾脏毒性，与具有潜在肾脏毒性药物合用时应慎用并进行监测。 ⑨应禁止与其他抗炎药（如其他非甾体类抗炎药或皮质类固醇药）合用，合用有可能增加胃肠道溃疡和/或穿孔等风险。 ⑩对健康犬即使

续表

药物名称	制剂、规格	适应证、用法及用量	作用特点、注意事项
			以10倍剂量给予本品，不会造成肾脏毒性或胃肠道溃疡。 ⑪未进行本品与其他高血浆蛋白结合率药物或类似代谢途径的药物（包括心脏病药物、抗惊厥药物和行为治疗药物等）同时给药的研究，对需要其他药物治疗的患犬，应密切监测药物间的相容性。 ⑫治疗时可减少吸入性麻醉剂用量。 ⑬当从一种非甾体类抗炎药转换为另一种非甾体类抗炎药，或从皮质类固醇药转换为非甾体类抗炎药时，应考虑药物的清洗期。 ⑭在使用非甾体类抗炎药治疗期间，应告知犬主定期回访。 ⑮本品适口性好，请置于犬接触不到的地方。 ⑯置于儿童不可

续表

药物名称	制剂、规格	适应证、用法及用量	作用特点、注意事项
			触及处，如意外摄入，请立即就医。 ⑰休药期：不需要制定
西米考昔 Cimicoxib	西米考昔片 （1）8mg （2）30mg	用于犬进行整形外科手术和软组织手术前后的止痛；用于犬关节炎的止痛和消炎。 **内服：**以西米考昔计。每 1kg 体重，犬 2mg。一日 1 次，用于整形外科手术或软组织手术前后的止痛时，手术前 2 个小时使用 1 次，手术后连续使用 3~7 日；用于关节炎的止痛和消炎时，连用 90 日	①禁用于患有胃病或消化系统紊乱或正在出血的犬。 ②虽然没有犬的试验数据，但实验动物的研究表明，本品对繁殖动物和胚胎发育有影响，因此繁殖期、怀孕期或哺乳期的犬慎用。 ③禁用于对西米考昔或产品中含有的其他成分过敏的犬。 ④对患有脱水、低血容量或低血压的犬避免使用本品，可能会增加潜在的肾脏毒性的风险。 ⑤禁用于小于 10 周龄的幼犬。对小于 6 月龄的犬使用本品时，应在兽医的密切监视下进行。 ⑥不可与皮质类

续表

药物名称	制剂、规格	适应证、用法及用量	作用特点、注意事项
			固醇类或其他非甾体类药物（NSAIDs）同时使用，对已经使用其他抗炎药物的犬使用本品时，应间隔一段时间。 ⑦心脏或肝脏功能不全的犬使用本品时，应进行临床观察。 ⑧犬连续给药90日的临床试验中，出现呕吐和腹泻的比例分别为21.4%和8.3%。 ⑨本品为风味片剂，适口性好，可单独或与食物一起给予动物。 ⑩休药期：不需要制定
酮洛芬 Ketoprofen	**酮洛芬注射液** （1）50ml：7.5g （2）100ml：15g	与适宜的抗菌药合用，治疗奶牛临床型乳腺炎引起的炎症、发热与肌肉疼痛等。 **肌内注射**：以酮洛芬计，一次量，每1kg体重，	①用于奶牛临床型乳腺炎辅助治疗时，需与适宜的抗菌药配伍使用。 ②对酮洛芬过敏及肝、肾功能受损的牛禁用。 ③勿与其他非甾体抗炎药同时使用。 ④消化道溃疡或

续表

药物名称	制剂、规格	适应证、用法及用量	作用特点、注意事项
		牛 3mg，一日 1 次，连用 3 日	出血患畜慎用。 ⑤休药期：牛 7 日；弃奶期 0 日

6.2 糖皮质激素类药物

肾上腺皮质激素是肾上腺皮质分泌的一类甾体化合物，又称皮质类固醇激素或皮质甾体类激素。根据生理功能可分为盐皮质激素、糖皮质激素和氮皮质激素。其中，糖皮质激素为兽医临床最常用的药物，具有抗炎、抗过敏、抗毒素、抗休克和影响代谢等作用。临床上常用于严重的感染性疾病、过敏性疾病、休克、局部炎症、奶牛酮血症和羊妊娠毒血症、引产和预防手术后遗症等。

应用本类药物时，要严格掌握适应证，避免滥用。持续大剂量使用时，可引起类似肾上腺皮质功能亢进的症状，或者引起肾上腺皮质功能不全。连续使用超过 1 周，切不可突然停药，应逐渐减量，以免疾病复发或出现肾上腺皮质功能不全。严重肝功能不良、骨质疏松、骨折治疗期、创伤修复期、角膜溃疡初期、疫苗接种期和缺乏有效抗菌药治疗的感染性疾病等，均应禁用。孕畜应慎用或禁用。

本类药物仅限于危及生命或严重影响生产力的感染，一般感染不宜使用。用于感染性疾病时，需与足量、有效的抗菌药配合使用，同时要尽量使用小剂量，病情控制后应减量或停药，用药时间不宜长。

药物名称	制剂、规格	适应证、用法及用量	作用特点、注意事项
氢化可的松 Hydrocortisone	氢化可的松注射液 2ml：10mg 5ml：25mg 20ml：100mg 醋酸氢化可的松注射液 5ml：0.125g 醋酸氢化可的松滴眼液 3ml：15mg	用于炎症性、过敏性疾病和牛酮血病、羊妊娠毒血症等。也可用于结膜炎、虹膜炎、角膜炎、巩膜炎等。 **静脉注射：**以氢化可的松计，一次量，马、牛0.2~0.5g；羊、猪0.02~0.08g。 **肌内注射：**以醋酸氢化可的松计，一次量，马、牛250~750mg；羊12.5~25mg；猪50~100mg；犬25~100mg。 **滑囊、腱鞘或关节囊内注射：**一次量，马、牛50~250mg。 **滴眼**	①严重肝功能不良、骨软症、骨折治疗期、创伤修复期、疫苗接种期动物禁用。 ②妊娠早期及后期母畜禁用。 ③严格掌握适应证，防止滥用。 ④用于严重急性的细菌性感染应与足量有效的抗菌药合用。 ⑤大剂量可增加钠的重吸收和钾、钙和磷的排出，长期使用可致水肿、骨质疏松等。 ⑥长期用药不能突然停药，应逐渐减量，直至停药。 ⑦眼部角膜溃疡禁用滴眼液，有细菌感染时应与抗菌药物配伍使用。 ⑧休药期：无需制定
泼尼松 Prednisone	醋酸泼尼松片 5mg 醋酸泼尼松眼膏	用于炎症性、过敏性疾病和牛酮血病、羊妊娠毒血症等。也用于结膜炎、虹	①妊娠早期及后期母畜禁用。 ②禁用于骨质疏松症和疫苗接种期。 ③严重肝功能不

续表

药物名称	制剂、规格	适应证、用法及用量	作用特点、注意事项
	0.5%	膜炎、角膜炎和巩膜炎等。 内服：以醋酸泼尼松计，一次量，马、牛 100~300mg；羊、猪 10~20mg；每 1kg 体重，犬、猫 0.5~2mg。 眼部外用：一日 2~3 次	良、骨折治疗期、创伤修复期动物禁用。 ④急性细菌性感染时应与抗菌药物配伍使用。 ⑤长期用药不能突然停药，应逐渐减量，直至停药。 ⑥角膜溃疡禁用眼膏，眼部细菌感染时，应与抗菌药物配伍使用。 ⑦休药期：0 日
氟轻松 Fluocinonide	醋酸氟轻松乳膏 10g∶2.5mg 20g∶5mg	用于过敏性皮炎等。 外用：涂患处适量	①局部细菌性感染时，应与抗菌药配伍使用。 ②休药期：无需制定
地塞米松 Dexamethasone	地塞米松磷酸钠注射液 1ml ∶ 1mg 5ml ∶ 5mg 1ml ∶ 2mg 1ml ∶ 5mg 5ml ∶ 2mg 醋酸地塞米松片 0.75mg	用于炎症性、过敏性疾病，牛酮血病和羊妊娠毒血症。 肌内、静脉注射：以地塞米松磷酸钠计，一日量，马 2.5~5mg；牛 5~20mg；羊、猪 4~12mg；犬、猫 0.125~1mg。	①妊娠早期及后期母畜禁用。 ②严重肝功能不良、骨软症、骨折治疗期、创伤修复期、疫苗接种期动物禁用。 ③严格掌握作用与用途，防止滥用。 ④对细菌性感染应与抗菌药合用。 ⑤长期用药不能

药物名称	制剂、规格	适应证、用法及用量	作用特点、注意事项
		内服：以醋酸地塞米松计，一次量，马、牛5~20mg；犬、猫0.5~2mg	突然停药，应逐渐减量，直至停药。 ⑥休药期：牛、羊、猪21日，弃奶期3日（注射液）；马、牛0日（片剂）
倍他米松 Betamethasone	倍他米松片 0.5mg	主要用于炎症性、过敏性疾病等的治疗。 内服：以倍他米松计，一次量，犬、猫0.25~1mg。	①严重肝功能不良、骨软症、骨折治疗期、创伤修复期、疫苗接种期动物禁用。 ②妊娠早期及后期禁用。 ③严格掌握适应证，防止滥用。 ④对细菌性感染应与抗菌药合用。 ⑤长期用药不能突然停药，应逐渐减量，直至停药。 ⑥休药期：无需制定
醋酸可的松 Cortisone Acetate	醋酸可的松注射液 10ml∶0.25g	用于炎症性、过敏性疾病和牛酮血病、妊娠毒血症等。 肌内注射：以醋酸可的松计，一次量，马、牛250~750mg；羊12.5~25mg；猪	①妊娠早期及后期母畜禁用。 ②禁用于骨质疏松症和疫苗接种期。 ③严重肝功能不良、骨折治疗期、创伤修复期动物禁用。

药物名称	制剂、规格	适应证、用法及用量	作用特点、注意事项
		50~100mg；犬25~100mg。 **滑囊、腱鞘或关节囊内注射：**以醋酸可的松计，一次量，马、牛 50~250mg	④急性细菌性感染时，应与抗菌药配伍使用。 ⑤长期用药不能突然停药，应逐渐减量，直至停药。 ⑥休药期：无需制定
氢化可的松醋丙酯 Hydrocortisone Aceponate （皮乐美，Cortavance）	**氢化可的松醋丙酯喷剂** （1）每 1ml 含氢化可的松醋丙酯 0.584mg，31ml/瓶，每喷含氢化可的松醋丙酯 76μg，每瓶 220 喷 （2）每 1ml 含氢化可的松醋丙酯0.584mg，76ml/瓶，每喷含氢化可的松醋丙酯76μg，每瓶 560 喷	用于犬过敏性和瘙痒性皮肤病的对症治疗。 以氢化可的松醋丙酯计。每日每平方厘米皮肤面积 1.52μg，相当于在 10cm×10cm 的正方形区域内喷 2 次。每日用药1次，连用7日。 **使用方法：**使用前，先将喷头旋于瓶上。距离患处约 10cm 处按压喷头喷于患处	①皮肤溃疡时禁用。 ②7 月龄以下动物慎用。 ③给药者给药时不慎入眼或吸入，请用水冲洗或咨询医生。 ④请放置在儿童接触不到的地方。 ⑤建议在患处不要同时使用其他外用药物。 ⑥使用时远离火焰
曲安奈德 Triamcinolone Acetonide	**曲安奈德注射液** （1）1ml：40mg （2）1ml：	用于治疗犬和猫的急性关节炎、过敏性疾病和皮肤病。 **肌内或皮下注**	①本品为混悬剂，严禁静脉注射和椎管注射。 ②关节腔内注射可能引起关节损害。

续表

药物名称	制剂、规格	适应证、用法及用量	作用特点、注意事项
	80mg	射：治疗炎症或过敏性疾病时，单次剂量为每1kg体重0.11～0.22mg；治疗皮肤病时，单次剂量为每1kg体重0.22mg。 **病灶内注射**：单次剂量为每1kg体重2.6~4.0mg，多位点注射，单个注射位点不能超过1.32mg。 **关节或滑膜内注射**：单次剂量为每1kg体重2.2～6.6mg，3～4日后根据症状可重复给药	③本品作用强，故应严格掌握适应证，防止滥用，才能避免不良反应和并发症的发生。 ④如长期大量应用一旦病情控制，停药时应逐渐减量，不宜骤停，以免复发或出现肾上腺皮质机能不足症状。 ⑤本品用于缓解感染引起的疼痛或减轻炎症时，必须结合抗生素。由于肾上腺皮质激素有抗炎作用，感染的现象可能被掩盖，因此确诊前必须终止治疗。 ⑥某些特定的肾上腺皮质激素，由于使用剂量和治疗持续时间的影响，可能导致停药后内源性肾上腺皮质激素的生成抑制。 ⑦本品受冻后聚集成块，故应在不低于10℃的条件下保存

7 消化系统药物

7.1 健胃药与助消化药

健胃药可分为苦味健胃药、芳香性健胃药及盐类健胃药三类。苦味健胃药多来源于植物，具有强烈的苦味，通过神经反射引起消化液分泌增多，有利于消化，促进食欲，起到健胃的作用。芳香性健胃药是一类含挥发油，具有辛辣性或苦味的中草药，内服后轻度刺激消化道黏膜，通过迷走神经的反射可引起消化液分泌增加，促进胃肠蠕动，另外还有轻度抑菌和制酵作用。盐类健胃药主要指中性盐氯化钠、复方制剂人工盐、弱碱性盐碳酸氢钠等。助消化药是一类促进胃肠道消化功能的药物。本类药物多数就是消化液的主要成分，如胃蛋白酶、淀粉酶、胰酶、稀盐酸等。当消化液分泌不足时，助消化药起代替治疗作用，临床上常与健胃药配合应用。

药物名称	制剂、规格	适应证、用法及用量	作用特点、注意事项
人工矿泉盐 Artificial Mineral Salts （人工盐、卡尔斯泉盐）	**人工矿泉盐** 由干燥硫酸钠(44%)、碳酸氢钠(36%)、氯化钠(18%)、硫酸钾(2%)组成	健胃药和缓泻药。用于消化不良、胃肠弛缓、慢性胃肠卡他、早期大肠便秘等。 **内服：**健胃，一次量，马50~100g；牛50~	①因本品为弱碱性类药物，禁与酸类健胃药配合使用。 ②内服作泻剂应用时宜大量饮水。 ③休药期：无需制定

续表

药物名称	制剂、规格	适应证、用法及用量	作用特点、注意事项
		150g；羊、猪 10~30g。 缓泻，马、牛 200~400g；羊、猪 60~100g	
胃蛋白酶 Pepsin （胃蛋白酵素、胃液素）		助消化药。用于胃液分泌不足及幼畜胃蛋白酶缺乏所致的消化不良。 内服：一次量，马、牛4000~8000单位；羊、猪800~1600 单位；驹、犊 1600~4000 单位；犬 80~800 单位；猫 80~240 单位	①当胃液分泌不足引起消化不良时，胃内盐酸也常分泌不足。因此使用本品时应同服稀盐酸。 ②忌与碱性药物、鞣酸、重金属盐等配合使用。 ③温度超过 70℃时迅速失效；剧烈搅拌可破坏其活性。 ④休药期：无需制定
稀盐酸 Dilute Hydrochloric Acid	10%	助消化药。用于胃酸缺乏症。 内服：一次量，马 10~20ml；牛 15~30ml；羊 2~5ml；猪 1~2ml；犬 0.1~0.5ml。使用时稀释 20 倍以上	①禁与碱类、盐类健胃药、有机酸、洋地黄及其制剂合用。 ②用药浓度和剂量不宜过大，否则因食糜酸度过高，反射性引起幽门括约肌痉挛，影响胃排空，产生腹痛。 ③休药期：无需制定

续表

药物名称	制剂、规格	适应证、用法及用量	作用特点、注意事项
干酵母 Dried Yeast （食母生）	干酵母粉 干酵母片 0.2g 0.3g 0.5g	维生素类药。用于维生素 B_1 缺乏症，如多发性神经炎、糙皮病、酮血症等的治疗和消化不良的辅助治疗。 **内服**：一次量，马、牛 120~150g；羊、猪 30~60g；犬 8~12g	①可拮抗磺胺类药的抗菌作用，不宜合用。 ②用量过大可发生轻度下泻。 ③休药期：无需制定
乳酶生 Lactasin （表飞鸣）	乳酶生片 0.1g	助消化药。用于消化不良、肠内异常发酵和幼畜腹泻。 **内服**：一次量，羊、猪 2~10g；驹、犊 10~30g	①不宜与抗菌药或吸附药同服。 ②休药期：无需制定
稀醋酸 Dilute Acetic Acid	稀醋酸溶液 5%	助消化药。用于消化不良、肠内异常发酵和幼畜腹泻。 **外用**：口腔冲洗，配成 2%~3% 溶液；牛，4~10 小时；马 250ml/450kg。 **口服**：每日 1 次	①避免与眼睛接触，若与高浓度醋酸接触，立即用清水冲洗。 ②应避免接触金属器械，以免产生腐蚀作用。 ③禁与碱性药物配伍。 ④休药期：无需制定

续表

药物名称	制剂、规格	适应证、用法及用量	作用特点、注意事项
乳酸 Lactic Acid （2-羟基丙酸及其缩合物的混合物）		制酵药。用于家畜的急性胃扩张和前胃弛缓。 **内服：**以本品计，一次量，马、牛5~25ml；羊、猪0.5~3ml。配成2%溶液灌服	①禁与氧化剂、氢碘酸、蛋白质溶液及重金属盐配伍。 ②休药期：无需制定
孟布酮 Menbutone	**孟布酮粉** 10% **孟布酮注射液** 按 $C_{15}H_{14}O_4$ 计算 （1）10ml：1g （2）100ml：10g	动物专用利胆药。用于猪消化不良、食欲减退和便秘腹胀等胃肠机能障碍。可单独使用，也可作为辅助治疗药与其他药物联合使用。 **内服：**一次量，每1kg体重，猪10~30mg，一日1次，连用1~5日。 **肌内注射：**一次量，每1kg体重，猪10mg，一日1次。必要时，对于病情严重的猪可在24小时后重复使用	①粉剂不宜用于小于10日龄的仔猪。 ②如出现明显变色，不得使用。 ③禁用于对注射液过敏、心律失常、高热或胆道阻塞的猪；禁用于猫。 ④注射液用于猪妊娠早、中期和哺乳期，但禁用于妊娠晚期（妊娠期后1/3段）。 ⑤肌内注射时，每个注射部位的给药体积不超过20ml。 ⑥孟布酮安全剂量范围不明确。如猪如出现心脏传导阻滞，可注射强心药解救。

续表

药物名称	制剂、规格	适应证、用法及用量	作用特点、注意事项
			⑦对本品活性成分过敏的人员不得接触本品。如不慎接触皮肤，请尽快冲洗。 ⑧未使用完的本品及包装，由兽医按照相关规定进行无害化处理。 ⑨休药期：猪6日(粉)；猪7日(注射液)

7.2 瘤胃兴奋药

瘤胃兴奋药（stimulants of rumen）又称反刍促进药，是能促使瘤胃平滑肌收缩、加强瘤胃运动、促进反刍动作、消除瘤胃积食与胀气的一类药物。当发生瘤胃积食、瘤胃臌胀等疾病时，可应用此类药给予治疗。

药物名称	制剂、规格	适应证、用法及用量	作用特点、注意事项
氯化钠 Sodium Chloride	**氯化钠注射液** 10ml : 0.09g 100ml : 0.9g 250ml : 2.25g 500ml : 4.5g 1000ml : 9g	用于脱水症。高浓度用于治疗前胃弛缓、瘤胃积食、马胃扩张、肠便秘等。 **静脉注射**（浓氯化钠注射液）：	①肺水肿患畜禁用。 ②脑、肾、心脏功能不全及血浆蛋白过低患畜慎用。 ③本品所含有的氯离子比血浆氯离

7 消化系统药物

续表

药物名称	制剂、规格	适应证、用法及用量	作用特点、注意事项
	复方氯化钠注射液 250ml 500ml 1000ml **浓氯化钠注射液** 50ml∶5g 100ml∶10g 250ml∶25g	一次量，每1kg体重，家畜0.1g。 **静脉注射**（氯化钠注射液）：一次量，马、牛9~27g；羊、猪2.25~4.5g；犬0.9~4.5g。 **静脉注射**（复方氯化钠注射液）：一次量，马、牛1000~3000ml；羊、猪250~500ml；犬100~500ml	子浓度高，已发生酸中毒动物，如大量应用，可引起高氯性酸中毒。此时可改用碳酸氢钠和生理盐水
氨甲酰甲胆碱 Bethanechol	**氯化氨甲酰甲胆碱注射液** 1ml∶2.5mg 5ml∶12.5mg 10ml∶25mg 10ml∶50mg	本品能兴奋M胆碱受体，对N胆碱受体几乎无作用。其特点是对胃肠道和膀胱平滑肌的选择性较高，收缩胃肠道及膀胱平滑肌作用显著，对心血管系统作用很弱。因在体内不易被胆碱酯酶水解，	①患有肠道完全阻塞及怀孕动物禁用。 ②过量中毒时可用阿托品解救。 ③休药期：无需制定

续表

药物名称	制剂、规格	适应证、用法及用量	作用特点、注意事项
		故作用持久。作为拟胆碱药，主要用于胃肠弛缓，也用于膀胱积尿、胎衣不下和子宫蓄脓等	

7.3　制酵药与消沫药

制酵药（antifoaming agents）有抑制胃肠内细菌发酵或酶的活力，防止大量气体产生的作用。当动物采食大量易发酵或变质的饲料时，极易产生大量气体，且不能及时排出体外，导致胃肠臌气。此时，主要应使用制酵药以制止气体的继续产生。常用的制酵药有甲醛溶液、鱼石脂、大蒜酊等。

消沫药（antifrothing agents）是一类表面张力低于“起泡液”（泡沫性膨胀瘤胃内液体），不与起泡液互溶，能迅速破坏起泡液的泡沫，而使泡内气体逸散的药物。其消沫作用机制是：消沫药的粒子是疏水的，不与起泡液互溶，能够停留在“气－液”界面，即泡沫膜上；此外，消沫药表面张力低于起泡液的表面张力，从而将接触泡沫膜的局部表面张力降低，导致该部位表膜被“拉薄”而穿孔，使相邻两泡沫融合，这时消沫药的粒子又可进行下一次消沫过程，融合的气泡不断扩大，汇集成大气泡，容易破裂，并进一步将气体排出体外。

本类药物用于治疗反刍动物瘤胃泡沫性膨胀的治疗。常用的消沫药有二甲硅油、松节油，而植物油（如豆油、花生油、菜籽油、麻油、棉籽油等），因表面张力较低，也有一定的消沫作用。

药物名称	制剂、规格	适应证、用法及用量	作用特点、注意事项
乳酸 Lactic Acid	2-羟基丙酸及其缩合物的混合物	用于马属动物急性胃扩张和牛、羊前胃弛缓。 内服：一次量，马、牛5~25ml；羊、猪0.5~3ml。配成2%溶液灌服	①禁与氧化剂、氢碘酸、蛋白质溶液及重金属盐配伍。 ②休药期：无需制定
鱼石脂 Ichthammol（依克度）	鱼石脂软膏 10%	用于胃肠道制酵。 内服：一次量，马、牛10~30g；羊、猪1~5g。先加倍量乙醇溶解，再用水稀释成3%~5%溶液	①禁与耐酸性药物，如稀盐酸、乳酸等混合使用。 ②休药期：无需制定
二甲硅油 Dimethicone（聚甲基硅）	二甲硅油片 25mg 50mg	用于泡沫性臌胀病。 内服：一次量，牛3000~5000mg；羊1000~2000mg	①灌服前后宜灌注少量温水，以减少刺激性。 ②休药期：无需制定

7.4 泻药与止泻药

泻药（laxatives）是一类促进粪便顺利排出的药物。按作用机制可分为三类：①容积性泻药（亦称盐类泻药），如硫酸钠、硫酸镁、氯化钠等。②润滑性泻药（亦称油类泻药），如液状石蜡、植物油、动物油等。③刺激性泻药（亦称植物性泻药），如大黄、芦荟、番泻叶、蓖麻油等。另外，拟胆碱药通过对肠道 M 受体作用，使肠蠕动加强，也能促进排便；这些药物一般称神经性泻药。

依据药理作用特点，止泻药可分为三类：①保护性止泻药，如鞣酸、鞣酸蛋白、碱式硝酸铋、碱式碳酸铋等，通过凝固蛋白质形成保护层，使肠道免受有害因素刺激，减少分泌，起收敛保护黏膜作用。②吸附性止泻药，如药用炭、高岭土等，通过表面吸附作用，可吸附水、气、细菌、病毒及毒素等，减轻对肠黏膜的损害。③抑制肠蠕动止泻药，如复方樟脑酊、颠茄酊等，通过抑制肠道平滑肌蠕动而止泻。腹泻多因病原微生物引起，故一般常与抗微生物药、消炎药、制酵药配合应用。

药物名称	制剂、规格	适应证、用法及用量	作用特点、注意事项
硫酸钠 Sodium Sulfate	按干燥品计算，含 Na_2SO_4 不得少于99.0%	盐类泻药。用于导泻。 内服：一次量，马 200~500g；牛 400~800g；羊 40~100g；猪 25~50g；犬 10~25g；猫 2~4g。用时配成 6%~8% 溶液	①治疗大肠便秘时，硫酸钠的适宜浓度为 4% ~ 6%。 ②因易继发胃扩张，不适用于小肠便秘的治疗。 ③脱水动物、肠炎患病动物不宜用本品。 ④注意补液
干燥硫酸钠 Dried Sodium Sulfate	按干燥品计算，含 Na_2SO_4 不得少于99.0%	盐类泻药。用于治疗大肠便秘，排出肠内毒物、毒素，或驱	①治疗大肠便秘时，硫酸钠的适宜浓度为 4% ~ 6%。 ②因易继发胃扩

7 消化系统药物

续表

药物名称	制剂、规格	适应证、用法及用量	作用特点、注意事项
		虫药的辅助用药。 内服：一次量，马 100~300g；牛 200~500g；羊 20~50g；猪 10~25g；犬 5~10g。用时配成 3%~4% 水溶液灌服	张，所以不适用于小肠便秘的治疗。 ③脱水动物、肠炎患病动物不宜用本品。 ④注意补液。 ⑤休药期：无需制定
硫酸镁 Magnesium Sulfate	按炽灼至恒重后计算，含 $MgSO_4$ 不得少于 99.5%	盐类泻药。主要用于导泻。 内服：一次量，马 200~500g；牛 300~800g；羊 50~100g；猪 25~50g；犬 10~20g；猫 2~5g。用时配成 6%~8% 溶液	①在某些情况（如机体脱水、肠炎等）下，镁离子吸收增多会产生毒副作用。 ②因易继发胃扩张，不适用于小肠便秘的治疗。 ③肠炎患畜不宜用本品。 ④休药期：无需制定
鞣酸蛋白 Tannalbumin		止泻药。常用于急性肠炎和非细菌性腹泻的治疗。 内服：一次量，马、牛 10~20g；羊、猪 2~5g；犬 0.2~2g；猫 0.15~2g；兔	休药期：无需制定

续表

药物名称	制剂、规格	适应证、用法及用量	作用特点、注意事项
		1~3g；禽 0.15~0.3g；水貂 0.1~0.15g。	
碱式碳酸铋 Bismuth Subcarbonate	碱式碳酸铋片 0.3g 0.5g	止泻药。用于胃肠炎及腹泻等。 内服：一次量，马、牛 15~30g；羊、猪、驹、犊 2~4g；犬 0.3~2g	休药期：无需制定
碱式硝酸铋 Bismuth Subnitrate	/	止泻药。用于胃肠炎及腹泻等。 内服：一次量，犬 0.3~2g	①对病原菌引起的腹泻，应先用抗菌药控制其感染后再用本品。 ②碱式硝酸铋在肠内溶解后，可形成亚硝酸盐，量大时能被吸收引起中毒。 ③休药期：无需制定

8 呼吸系统药物

动物呼吸系统疾病，主要表现是咳嗽、气管和支气管分泌物增多、呼吸困难等。呼吸系统疾病的病因包括物理化学因素刺激，过敏反应，病毒、细菌（支原体、真菌）和蠕虫感染等。对动物来说，更多的是微生物引起的炎症性疾病，所以在临床治疗上一般先对因治疗，同时应及时使用镇咳药、祛痰药和平喘药，以缓解症状，防止病情发展。

8.1 平喘药

药物名称	制剂、规格	适应证、用法及用量	作用特点、注意事项
氨茶碱 Aminophylline	氨茶碱片 按 $C_2H_8N_2(C_7H_8N_4O_2)_2\cdot 2H_2O$ 计算 （1）50mg （2）100mg （3）200mg 氨茶碱注射液 按 $C_2H_8N_2(C_7H_8N_4O_2)_2\cdot 2H_2O$ 计算 （1）2ml ：0.25g	平喘药。具有松弛支气管平滑肌、扩张血管、利尿等作用。用于缓解气喘症状。 内服：以氨茶碱计，一次量，每 1kg 体重，马 5~10mg；犬、猫 10~15mg。 肌内、静脉注射：以氨茶碱	①内服偶见呕吐反应。 ②肝功能低下，心衰患畜慎用。 ③静脉注射或静脉滴注如用量过大、浓度过高或速度过快，都可强烈兴奋心脏和中枢神经，故需稀释后注射并注意掌握速度和剂量。 ④注射液碱性较强，可引起局部红

续表

药物名称	制剂、规格	适应证、用法及用量	作用特点、注意事项
	（2）2ml ：0.5g （3）5ml ：1.25g	计，一次量，马、牛 1~2g； 羊、猪 0.25~0.5g；犬 0.05~0.1g	肿、疼痛，应作深部肌内注射

8.2 祛痰镇咳药

药物名称	制剂、规格	适应证、用法及用量	作用特点、注意事项
氯化铵 Ammonium Chloride	按干燥品计算，含氯化铵（NH_4Cl）不得少于 99.5%	祛痰药。主要用于支气管炎初期。 **内服**：一次量，马 8~15g； 牛 10~25g； 羊 2~5g; 猪 1~2g; 犬、猫 0.2~1g	①肝脏、肾脏功能异常的患畜，内服氯化铵容易引起血氯过高性酸中毒和血氨升高，应禁用或慎用。 ②禁与碱性药物、重金属盐、磺胺药等配伍应用。 ③单胃动物用后有呕吐反应
碘化钾 Potassium Iodide	**碘化钾片** （1）10mg （2）200mg	祛痰药。用于慢性支气管炎。 **内服**：一次量，马、牛 5~10g；羊、猪 1~3g；犬 0.2~1g	①碘化钾在酸性溶液中能析出游离碘。 ②肝、肾功能低下患畜慎用。 ③不适于急性支气管炎症

9 血液循环系统药物

9.1 治疗充血性心力衰竭的药物

充血性心力衰竭（congestive heart failure，CHF）临床表现为水肿、呼吸困难和运动耐力下降等。家畜的充血性心力衰竭多是由于长期重剧使役所造成的后果，也常继发于心脏本身的各种疾病，如缺血性心脏病、心包炎、心肌炎、慢性心内膜炎或先天性心脏病等。机体在发病初期可通过一系列代偿机制，如心肌增生、反射性兴奋交感神经、激活肾素－血管紧张素－醛固酮系统，以加强心脏收缩力和加快心搏动次数、增加心输出量，维持血液供应的动态平衡。但这些代偿机制的功能有限，而且过分的代偿可导致心肌储备能量过多地消耗，加重了心肌功能障碍。由于心室舒张期大为缩短，心脏充盈不足，心血输出量更为减少，结果大量血液滞留在静脉系统而发生全身静脉淤血，静脉压升高；又由于组织缺氧，毛细血管通透性增加，使水分从毛细血管渗出进入细胞外液，发生水肿。当病程得不到控制，迁延日久就成为慢性心功能不全，因常表现为显著的静脉系统充血，故称充血性心力衰竭。临床上对本病的治疗，除治疗原发病外，主要是使用改善心脏功能、增强心肌收缩力的药物。强心苷类至今仍属首选药物，近年也出现了一些非强心苷类而能加强心脏收缩性的药物，如多巴酚丁胺（dobutamine）等，其作用原理与强心苷相同。

药物名称	制剂、规格	适应证、用法及用量	作用特点、注意事项
洋地黄毒苷 Digitoxin	洋地黄毒苷片	强心药。 内服：洋地黄化剂量，一次量，每1kg体重，马0.03～0.06mg；犬0.11mg。每日2次，连用24～48h。 维持剂量，一次量，每1kg体重，马0.01mg；犬0.011mg。每日1次	①安全范围窄，应用时应检测心电图变化，以免发生毒性反应。用药后一旦出现精神抑郁、共济失调、厌食、呕吐、腹泻、严重虚脱、脱水和心律不齐等症状时，应立即停药。 ②若在过去10天内用过其他任何强心苷类的动物，使用时剂量亦应减少，以免中毒。 ③在用钙盐或拟肾上腺素类药物后，要慎重使用该药，因可发生协同作用。 ④肝、肾功能障碍患畜用量应酌减。 ⑤在发生心内膜炎、急性心肌炎、创伤性心包炎等情况下忌用该药。 ⑥在期前房性收缩、室性心搏过速或房室传导过缓时禁用。 ⑦休药期：无需制定

药物名称	制剂、规格	适应证、用法及用量	作用特点、注意事项
地高辛 Digoxin	地高辛片	强心药。 内服：洋地黄化剂量，一次量，每1kg体重，马0.06～0.08mg，每8h 1次，连续5～6次；犬0.025mg，每12h 1次，连续3次。 维持剂量：一次量，每1kg体重，马0.01～0.02mg；犬0.011mg，每12h1次；猫0.007～0.015mg，每日1次至每2日1次	①安全范围窄，应用时应检测心电图变化，以免发生毒性反应。用药后一旦出现精神抑郁、共济失调、厌食、呕吐、腹泻、严重虚脱、脱水和心律不齐等症状时，应立即停药。 ②若在过去10天内用过其他任何强心苷类的动物，使用时剂量亦应减少，以免中毒。 ③在用钙盐或拟肾上腺素类药物后，要慎重使用该药，因可发生协同作用。 ④肝、肾功能障碍患畜用量应酌减。 ⑤在发生心内膜炎、急性心肌炎、创伤性心包炎等情况下忌用该药。 ⑥在期前房性收缩、室性心搏过速或房室传导过缓时禁用。 ⑦休药期：无需制定

药物名称	制剂、规格	适应证、用法及用量	作用特点、注意事项
毒毛花苷K Strophanthin K	**毒毛花苷K注射液** 1ml∶0.25mg 2ml∶0.5mg	强心药。可加强心肌收缩力，减慢心率，抑制心脏传导。主要用于充血性心力衰竭。 **静脉注射：**以毒毛花苷K计，一次量，马、牛1.25~3.75mg；犬0.25~0.5mg。临用前以5%葡萄糖注射液稀释，缓慢注射	①期前房性收缩、室心搏过速或传导过缓时禁用。 ②安全范围窄，要时常监测心电图变化以免发生毒性反应。 ③肝、肾功能障碍患畜用量应酌减。在过去10天内用过任何强心苷类药的动物，使用时剂量亦应减少，以免中毒。 ④低血钾能增加强心苷类药物对心脏的兴奋性，引起心律不齐，亦可导致传导阻滞。高渗葡萄糖、排钾性利尿药均可降低血钾水平，必须加以注意。适当补钾可预防或减轻强心苷的毒性反应。 ⑤除非有充血性心力衰竭发生，否则动物处于休克、尿毒症等情况下勿使用此类药。 ⑥在用钙盐或拟

续表

药物名称	制剂、规格	适应证、用法及用量	作用特点、注意事项
			肾上腺素类药物时慎用强心苷。 ⑦心内膜炎、急性心肌炎、创伤性心包炎等情况下慎用该药。 ⑧休药期：无需制定
盐酸贝那普利 Benazepril	盐酸贝那普利咀嚼片 5mg	血管紧张素转移酶抑制剂。用于治疗犬的充血性心力衰竭。 **内服：**每1kg体重，犬0.25~0.5mg，每日1次。或按以下推荐剂量使用：犬体重5~10kg，1/2片；犬体重10~20kg，1片；犬体重20~40kg，2片；犬体重40~80kg，4片。在治疗过程中，可根据临床疗效，经兽医允许，可按上述剂量加倍服用	①禁用于对血管紧张素转换酶抑制剂过敏的犬。 ②禁用于妊娠期或泌乳期母犬。 ③禁用于血压过低、血容量不足(血容量过低)、低钠血症或急性肾功能衰竭的犬。 ④对于治疗患有严重充血性心力衰竭的犬，须密切监测。 ⑤对于患有慢性肾病的犬，建议在治疗期间监测血浆尿素和肌酐水平。 ⑥体重不足2.5kg的犬的疗效和安全性未明确

药物名称	制剂、规格	适应证、用法及用量	作用特点、注意事项
马来酸依那普利 Enalapril Maleate	**马来酸依那普利片** （1）2.5mg （2）5mg （3）10mg	血管紧张素转移酶抑制剂。作为利尿药的辅助治疗，用于治疗犬的二尖瓣反流或扩张型心肌病所致轻度、中度或重度充血性心力衰竭。用于改善患有轻度、中度或重度充血性心力衰竭的犬的运动耐量和存活率。 **内服：**每1kg体重，犬0.5mg。一日1次。 开始治疗后2周内未出现预期临床反应时，应根据犬体重，增大剂量至最高每1kg体重，犬0.5mg，1日2次。剂量的调整可在2～4周时间内完成，若充血性心力衰竭症状持续存在则可更快完	①不适用于有心输出量障碍的犬。 ②不应与保钾利尿药共用。 ③操作者出现意外摄入时，马上就医；使用后请洗手。 ④置于儿童不能接触的地方。 ⑤不建议在怀孕母犬中使用该药品；对哺乳犬的安全性尚未评估

续表

药物名称	制剂、规格	适应证、用法及用量	作用特点、注意事项
		成。开始给药或增大剂量后，应密切观察犬2日。开始用该药品治疗前，应提前至少1日开始用利尿药治疗。对犬的评价应包括治疗开始前和治疗后2～7日肾功能的评估	
匹莫苯丹 Pimobendan	**匹莫苯丹咀嚼片** （1）1.25mg （2）2.5mg （3）5mg	用于治疗由心脏瓣膜关闭不全（二尖瓣和/或三尖瓣反流）或扩张型心肌病引起的犬充血性心力衰竭；用于大型犬临床前扩张型心肌病（无症状，经超声心动图诊断伴随左心室收缩末期和舒张末期直径加大）的治疗；用于治疗犬临床黏液瘤性二尖瓣疾病（无症状的心脏收缩期	①禁用于肥大型心肌病或由临床非功能性或生理性原因（如大动脉狭窄）不宜增加心输出量的患犬；由于本品主要经肝脏代谢，禁用于严重肝功能不全的患犬。 ②目前尚无用于治疗杜宾犬无症状扩张性心肌病（伴随房室纤维性颤动或持续心室性心搏过速）的试验数据。 ③本品尚未获得无症状黏液瘤二尖瓣疾病伴显著室上性或室性心律失常

续表

药物名称	制剂、规格	适应证、用法及用量	作用特点、注意事项
		二尖瓣杂音和心脏增大），延缓充血性心力衰竭临床症状的发生。 **内服：**以匹莫苯丹计，每1kg体重，犬0.25mg，一日2次。 对于体重约为5kg的犬，早、晚分别给予1.25mg的咀嚼片一片。 对于体重约为10kg的犬，早、晚分别给予2.5mg的咀嚼片一片。 对于体重约为20kg的犬，早、晚分别给予5mg的咀嚼片一片。 咀嚼片可以按照刻痕线掰成两个半片，这样可以根据体重更加准确给药（每日剂量范围为0.2~0.6mg/kg	的研究数据。 ④对大鼠和兔子的研究表明该药对动物繁殖性能无影响，仅母代在高剂量毒性剂量下可能产生胚胎毒性。研究表明该药可通过大鼠乳汁排泄。尚未有用于怀孕或哺乳期母犬的安全性研究数据，应在兽医进行利益/风险评估下指导使用。 ⑤用于治疗已有糖尿病患犬时应定期测定血糖。 ⑥用于治疗临床前阶段的扩张性心肌病（无症状伴随左心室收缩末期和舒张末期直径增大）前，应进行综合性心脏病检查诊断（包括超声心动图及动态心电图监测等）。 ⑦用于治疗临床黏液瘤性二尖瓣疾病，应进行全面的心脏检查（包括超

续表

药物名称	制剂、规格	适应证、用法及用量	作用特点、注意事项
		体重，最佳剂量为 0.5mg/kg 体重）。给药1小时后方可进食，可联合使用利尿剂（如呋塞米）；对于充血性心力衰竭患犬可长期持续给药	声心动图和放射学检查等）。 ⑧药理学研究表明匹莫苯丹与苷类（哇巴因）药物无相互作用，在钙拮抗剂（如戊脉安和地尔硫卓）和β-拮抗剂（如心得安）的作用下，匹莫苯丹可能诱发心脏收缩性减弱。 ⑨在健康比格犬上进行3倍和5倍超剂量的长期暴露（6个月）研究中，部分犬出现二尖瓣增厚和左心室肥大，这些变化源于药效学作用。 ⑩休药期：需要制定

9.2　抗凝血药与促凝血药

血液凝固系统与血纤维蛋白溶解系统是存在于血液中的一种对立统一机制。维持血液系统的完整功能不仅需要有凝血的能力，即当血管受伤时能激活血液中的凝血因子而立即止血；同时也应该有抗凝血的能力，当血管的出血停止以后能清除凝血的产物，这就是血纤维蛋白溶解系统。血液中的这两个系统经常处于动态平衡，保证了血液循环的畅通，所以这也是机体的一种保护机制。

9.2.1 血液凝固系统

血液凝固是一个复杂的过程，参与血液凝固的因子目前认为有23种之多，这些因子在血液中均以非活化的形式存在，一旦血管或组织受损，即可启动凝血系统，开始一系列的活化反应，有如瀑布，故被称为瀑布学说。

血液凝固有内源性和外源性两条途径，前者是指心血管受损或血液流出体外，接触某些异物表面时触发的凝血过程；后者则指由于受损组织释放组织促凝血酶原激酶(凝血活素、凝血因子Ⅲ)而引起的凝血过程。血液凝固过程一般分为三个阶段：

①凝血酶原激活复合物的形成　此阶段从组织受损开始，经过内源性或外源性途径形成激活凝血酶原的复合物。在内源性途径，首先被Ⅻ激活为Ⅻa，随后Ⅻa把Ⅺ激活为Ⅺa、Ⅸa，然后Ⅸa在Ⅷa和Ca^{2+}参与下在血小板膜表面把Ⅹ活化为Ⅹa，Ⅹa在Ⅴa和Ca^{2+}形成复合物后便将凝血酶原激活为凝血酶。在外源性途径，则由Ⅶ激活开始，Ⅶ和Ⅶa均能与组织的促凝血酶原激酶成为复合物，在Ca^{2+}和磷脂存在下活化Ⅹ为Ⅹa。以后的凝血过程即与内源性途径相同，因此自Ⅹa以下的途径称为共同途径。

②凝血酶的形成　在Ⅹa、Ⅴa和Ca^{2+}复合物作用下，凝血酶原活化为凝血酶，最后离开血小板进入血浆液相。

③纤维蛋白的形成　凝血酶在血浆把纤维蛋白原裂解为可溶性纤维蛋白，再在ⅩⅢa的催化下，可溶性纤维蛋白进行单体交叉联结成为纤维蛋白多聚体凝块，至此血液凝固。

9.2.2 纤维蛋白溶解系统

纤维蛋白溶解是指凝固的血液在某些酶的作用下重新溶解的现象。血液中含有的能溶解血纤维蛋白的酶系统称为纤维蛋白溶解系统（fibrinolytic system），简称纤溶系统，它由纤溶酶原、纤溶酶、纤溶酶原激活因子（plasminogen activator）和纤溶酶抑制因子（plasmin inhibitor）组成。

纤溶系统取决于纤溶酶原在血中形成纤溶酶。在血块形成期间，纤溶酶原与纤维蛋白的特殊部位结合，同时，纤溶酶原的激活因子如组织纤溶酶原激活因子（t–PA）和尿激酶从内皮细胞和其他组织细胞释放，并作用于纤溶酶原使其活化为纤溶酶。由于纤维蛋白是血栓的构架，它的溶解便使血块得以清除。

抗凝血药（anticoagulants）是通过干扰凝血过程中某一或某些凝血因子，延缓血液凝固时间或防止血栓形成和扩大的药物。一般将其分为 4 类：①主要影响凝血酶和凝血因子形成的药物，如肝素和香豆素类，主要用于体内抗凝。②体外抗凝血药，如枸橼酸钠，用于体外检查血样的抗凝。③促进纤维蛋白溶解药，对已形成的血栓有溶解作用，如链激酶、尿激酶、组织纤溶酶原激活剂等，主要用于急性血栓性疾病。④抗血小板聚集药，如阿司匹林、双嘧达莫（潘生丁）、右旋糖酐等，主要用于预防血栓形成。

促凝血药按其作用特点则分为三类：①影响凝血因子的促凝血药，如维生素 K 和酚磺乙胺。②抗纤维蛋白溶解的促凝血药，如 6– 氨基己酸、氨苯甲酸、氨甲环酸。③作用于血管的抗凝血药，如安特诺新。

药物名称	制剂、规格	适应证、用法及用量	作用特点、注意事项
肝素 Heparin	肝素钠注射液	高剂量方案（治疗血栓栓塞症）：**静脉或皮下注射：**一次量，每1kg体重，犬150~250单位，猫250~375单位。每日3次。 低剂量方案（治疗弥散性血管内凝血），**静脉或皮下注射：**马25~100单位，小动物75单位	①休药期：无需制定
枸橼酸钠 Sodium Citrate	枸橼酸钠注射液 10ml：0.4g	用于防止体外血液凝固。 **间接输血：**每100ml血液添加0.4g	①休药期：无需制定
亚硫酸氢钠甲萘醌 Menadione Sodium Bisulfite	亚硫酸氢钠甲萘醌注射液 （1）1ml：4mg （2）10ml：40mg （3）10ml：150mg 亚硫酸氢钠甲萘醌粉（水产用）	止血药。参与肝内凝血酶原的合成。用于维生素K缺乏所致的出血，辅助治疗鱼、鳗、鳖等水产养殖动物的出血、败血症等。 **肌内注射：**以亚硫酸氢钠甲萘醌计，一次	①可损害肝脏，肝功能不全患畜宜改用维生素K_1。 ②肌内注射部位可出现疼痛、肿胀等。 ③亚硫酸氢钠甲萘醌遇光、遇酸易分解；勿与维生素C合用，以免失效。 ④休药期：无需制定

续表

药物名称	制剂、规格	适应证、用法及用量	作用特点、注意事项
	1%	量，马、牛 100~300mg；羊、猪 30~50mg；犬 10~30mg；禽 2~4mg。 **拌饵投喂**：一次量，每 1kg 体重，1~2mg。一日 1~2 次，连用 3 日	
酚磺乙胺 Etamsylate	**酚磺乙胺注射液** （1）2ml：0.25g （2）10ml：1.25g	止血药。主要用于内出血、鼻出血及手术出血的预防和止血。 **肌内、静脉注射**：按酚磺乙胺计，一次量，马 1.25~2.5g；羊 0.25~0.5g	①预防外科手术出血，应在术前 15~30 分钟用药。 ②休药期：无需制定

9.3 抗贫血药

抗贫血药是指能增进机体造血机能、补充造血必需物质、改善贫血状态的药物。临床上按其病因和发病原理，把贫血分为 4 种：出血性贫血、溶血性贫血、营养性贫血（包括缺铁所致的低色素性小红细胞性贫血，缺乏维生素 B_{12} 或叶酸所致的巨幼红细胞性贫血或称大红细胞性贫血）和再生障碍性贫血。治疗时应先查明原因，再进行对因治疗，用抗贫血药只是一种补充疗法。

药物名称	制剂、规格	适应证、用法及用量	作用特点、注意事项
硫酸亚铁 Ferrous Sulfate	含$FeSO_4 \cdot 7H_2O$应为98.5%~104.0%	抗贫血药。用于防治缺铁性贫血。 **内服**：一次量，马、牛2～10g；羊、猪0.5～3g；犬0.05～0.5g；猫0.05～0.1g。配成0.2%～1%溶液	①禁用于消化道溃疡、肠炎等。 ②钙剂、磷酸盐类、含鞣酸药物、抗酸药等均可使铁沉淀，妨碍其吸收，本品不宜与上述药物同时使用。 ③铁剂与四环素药物可形成络合物，互相妨碍吸收，不宜同时使用。 ④休药期：无需制定
右旋糖酐铁 Iron Dextran	**右旋糖酐铁注射液** 按Fe计算，2ml∶0.1g 2ml∶0.2g 10ml∶0.5g 10ml∶1g 10ml∶1.5g 50ml∶2.5g 50ml∶5g 100ml∶20g	抗贫血药。用于驹、犊、仔猪、幼犬和毛皮兽的缺铁性贫血。 **肌内注射（以Fe计）**：一次量，驹、犊200~600mg；仔猪100~200mg；幼犬20~200mg；狐狸50~200mg；水貂30~100mg	①本品毒性较大，需严格控制肌内注射剂量。 ②肌内注射时可引起局部疼痛，应深部肌内注射。 ③超过4周龄的猪注射，可引起臀部肌肉着色。 ④需防冻，久置可发生沉淀。 ⑤铁盐可与许多化学物质或药物发生反应，故不宜与其他药物同时或混合内服给药。

续表

药物名称	制剂、规格	适应证、用法及用量	作用特点、注意事项
			⑥硒/维生素E缺乏母猪的仔猪更容易发生铁中毒。 ⑦休药期：无需制定
叶酸 Folic Acid	叶酸片 5mg	抗贫血药。主用于防治因叶酸缺乏而引起的畜禽贫血病。 **内服**：一次量，犬、猫 2.5~5mg	①对甲氧苄啶等所致的巨幼红细胞性贫血无效。 ②对维生素 B_{12} 缺乏所致"恶性贫血"，大剂量叶酸治疗可纠正血象，但不能改善神经症状。 ③休药期：无需制定
维生素 B_{12} Vitamin B_{12}	维生素 B_{12} 注射液 1ml∶0.05mg 1ml∶0.1mg 1ml∶0.25mg 1ml∶0.5mg 1ml∶1mg	维生素类药。用于维生素 B_{12} 缺乏所致的贫血、幼畜生长迟缓等。 **肌内注射**：一次量，马、牛 1~2mg；羊、猪 0.3~0.4mg；犬、猫 0.1mg	①在防治巨幼红细胞贫血症时，本品与叶酸配合应用可取得更好的效果。 ②休药期：无需制定

10 泌尿生殖系统药物

10.1 利尿药与脱水药

利尿药（diuretics）是作用于肾脏、影响电解质及水的排泄、使尿量增加的药物。兽医临床主要用于水肿和腹水的对症治疗。利尿药种类较多，按其作用强度一般分为3类：①高效利尿药，包括呋塞米（速尿）等。能使 Na^+ 重吸收减少15%～25%。②中效利尿药，包括氢氯噻嗪、氯肽酮（Chlortalidone）、苄氟噻嗪（Bendrofluazide）等。能使 Na^+ 重吸收减少5%～10%。③低效利尿药，包括螺内酯（安体舒通）、氨苯蝶啶、阿米洛利（Amiloride）等。能使 Na^+ 重吸收减少1%～3%。

脱水药（dehydratics）又称为渗透性利尿药（osmotic diuretics），是指能消除组织水肿的药物。因其利尿作用不强，故仅用于局部组织水肿（如脑水肿、肺水肿等）的脱水。本类药物包括甘露醇、山梨醇等。

药物名称	制剂、规格	适应证、用法及用量	作用特点、注意事项
呋塞米 Furosemide	**呋塞米注射液** 2ml∶20mg 10ml∶100mg **呋塞米片** 20mg	利尿药。用于各种水肿症。 **肌内、静脉注射：**以呋塞米计，一次量，每1kg体重，马、	①无尿患畜禁用，电解质紊乱或肝损害的患畜慎用。 ②长期大量用药可出现低血钾、低

续表

药物名称	制剂、规格	适应证、用法及用量	作用特点、注意事项
	50mg	牛、羊、猪0.5~1mg；犬、猫1~5mg。 **内服**：以呋塞米计，一次量，每1kg体重，马、牛、羊、猪2mg；犬、猫2.5~5mg	血钠、低血钙、低血镁及脱水，应补钾或与保钾性利尿药配伍或交替使用，并定时监测水和电解质平衡状态。 ③应避免与氨基糖苷类抗生素和糖皮质激素合用。 ④休药期：无需制定
氢氯噻嗪 Hydrochlorothiazide	**氢氯噻嗪片** 25mg 0.25g	利尿药。用于各种水肿症。 **内服**：以氢氯噻嗪计，一次量，每1kg体重，马、牛1~2mg；羊、猪2~3mg；犬、猫3~4mg	①严重肝，肾功能障碍，电解质平衡紊乱及高尿酸血症等患畜慎用。 ②宜与氯化钾合用，以免发生低血钾症
甘露醇 Mannitol	**甘露醇注射液** 100ml：20g 250ml：50g 500ml：100g	脱水药。用于脑水肿、脑炎的辅助治疗。 **静脉注射**：以本品计，一次量，马、牛1000~2000ml；羊、猪100~250ml	①严重脱水、肺充血或肺水肿、充血性心力衰竭以及进行性肾功能衰竭患畜禁用。 ②脱水动物在治疗前应适当补液。 ③静脉注射时勿漏出血管外，以免引起肿胀和坏死
山梨醇 Sorbitol	**山梨醇注射液** （1）100ml：	脱水药。用于脑水肿、脑炎的	①严重脱水、肺充血或肺水肿、充

续表

药物名称	制剂、规格	适应证、用法及用量	作用特点、注意事项
	25g (2)250ml:62.5g (3)500ml:125g	辅助治疗。 **静脉注射：** 以本品计，一次量，马、牛1000~2000ml；羊、猪100~250ml	血性心力衰竭以及进行性肾功能衰竭患畜禁用。 ②脱水动物在治疗前应补充适当体液。 ③局部刺激性较大，静脉注射时勿漏出血管外
替米沙坦 Telmisartan	**替米沙坦内服溶液（猫用）** 以$C_{33}H_{30}N_4O_2$计算 （1）30ml:0.12g （2）100ml:0.4g	用于治疗猫慢性肾病引起的蛋白尿。 **内服：** 一次量，每1kg体重，猫1mg（0.25ml），一日1次。直接注入口腔或与少量饲料一起给药。推荐使用包装中提供的带刻度注射器给药，向下按压瓶盖并旋转打开，以活塞末端刻度为准，用注射器准确抽取与猫体重对应的药量。取下注射器，直接将药物推入猫口腔内或与少量食物	①用药时程由兽医根据疾病严重程度及转归决定给药次数。 ②尚未对小于6月龄的猫进行安全性和有效性试验评价。对于麻醉后接受本品治疗的猫，需监测其血压。 ③可能会发生红细胞计数轻度下降、一过性低血压等症状，治疗期间应监测红细胞计数，或给予对症治疗，如输液。与推荐剂量氨氯地平联合治疗时，临床未见低血压。 ④尚未开展联合用药研究，本品不

续表

药物名称	制剂、规格	适应证、用法及用量	作用特点、注意事项
		同食。使用后，拧紧瓶盖，用水清洗注射器并保持干燥	得与其他兽药混合使用。 ⑤如果发生意外吞食，应立即就医，并向医生出示本品的说明书或标签。 ⑥避免接触眼睛，如果意外接触眼睛，立即用清水冲洗，给药后请清洗双手。置于儿童不易触及处。 ⑦已知作用于RAAS的物质［如血管紧张素受体拮抗剂（ARB）和血管紧张素Ⅰ转化酶抑制剂（ACEI）］可影响妊娠期胎儿，因此孕妇应避免接触本品。 ⑧已知对替米沙坦或其他血管紧张素Ⅱ受体拮抗剂过敏者应避免接触本品。 ⑨药品不得通过废水或按家庭垃圾处置，请咨询兽医或按当地规定处置本品。

续表

药物名称	制剂、规格	适应证、用法及用量	作用特点、注意事项
			⑩休药期：不需要制定

10.2 生殖系统药物

所用药物有生殖激素类（性激素、促性腺激素、促性腺激素释放激素）、催产素类（缩宫素和垂体后叶激素、麦角新碱等）、前列腺素类（氯前列烯醇、氟前列醇等）和多巴胺受体激动剂。对生殖系统用药的目的在于提高或抑制繁殖力，调节繁殖进程，增强抗病能力。

药物名称	制剂、规格	适应证、用法及用量	作用特点、注意事项
缩宫素 Oxytocin	**缩宫素注射液** 1ml：10单位 2ml：10单位 2ml：20单位 5ml：50单位	子宫收缩药。用于催产、产后子宫止血和胎衣不下等。 **皮下、肌内注射**：一次量，马、牛30~100单位；羊、猪10~50单位；犬2~10单位	①子宫颈尚未开放、骨盆过狭以及产道阻碍时禁用于催产。 ②休药期：无需制定
垂体后叶素 Hypophysin，Pituitrin	**垂体后叶注射液** 1ml：10单位 5ml：50单位	子宫收缩药。用于催产、产后子宫出血和胎衣不下等。 **皮下、肌内注**	①临产时，若产道异常、胎位不正、子宫颈尚未开放等禁用。 ②用量大时偶见血压升高、少尿及

续表

药物名称	制剂、规格	适应证、用法及用量	作用特点、注意事项
		射：一次量，马、牛30~100单位；羊、猪10~50单位；犬2~10单位；猫2~5单位	腹痛
睾酮 Testosterone	**丙酸睾酮注射液** 1ml：25mg 1ml：50mg	性激素类药物。用于雄激素缺乏症的辅助治疗。 **肌内、皮下注射**：以丙酸睾酮计，一次量，每1kg体重，种畜0.25~0.5mg	①具有水钠潴留作用，肾、心或肝功能不全患畜慎用。 ②仅用于种畜。 ③休药期：无需制定
苯丙酸诺龙 Nandrolone Phenylpropionate	**苯丙酸诺龙注射液** 1ml：10mg 1ml：25mg	同化激素类药物。用于营养不良、慢性消耗性疾病的恢复期。 **皮下、肌内注射**：一次量，每1kg体重，家畜0.2~1mg，每2周1次	①可以作治疗用，但不得在动物性食品中检出。 ②禁止作促生长剂应用。 ③肝、肾功能不全时慎用。 ④休药期：28日；弃奶期7日
雌二醇 Estradiol	**苯甲酸雌二醇注射液** 1ml：1mg 1ml：2mg 2ml：3mg 2ml：4mg	性激素类药。用于发情不明显动物的催情及胎衣滞留、死胎的排出。 **肌内注射**：一次量，马10~20mg；牛5~	①妊娠早期的动物禁用，以免引起流产或胎儿畸形。 ②可以作治疗用，但不得在动物性食品中检出。 ③休药期：28日；弃奶期7日

药物名称	制剂、规格	适应证、用法及用量	作用特点、注意事项
		20mg；羊 1~3mg；猪 3~10mg；犬 0.2~0.5mg	
黄体酮 Progesterone	**黄体酮注射液** 1ml∶10mg 2ml∶20mg 1ml∶50mg 5ml∶100mg	性激素类药。用于预防流产。 **肌内注射：**一次量，马、牛 50~100mg；羊、猪 15~25mg；犬 2~5mg	①产乳供人食用的奶牛，在泌乳期不得使用。 ②长期应用可能延长妊娠期。 ③休药期：30 日
	黄体酮阴道缓释剂 1.38g	控制青年育成母牛和经产母牛的发情周期，适用于牛的同期发情和胚胎移植，以及治疗产后和泌乳期不发情。 阴道内放置：一次量，牛 1 个。5~8 日后取出	①不适用于阴道畸形牛。 ②若动物健康状况差，如疾病或营养缺乏时，可能无反应。 ③休药期：无，宰前取出
绒促性素 Chorionic Gonadotrophin	**注射用绒促性素** 500 单位 1000 单位 2000 单位 5000 单位 **注射用绒促性素（Ⅰ）**	性激素类药。用于性功能障碍、习惯性流产及卵巢囊肿等。也用于鲢、鳙亲鱼的催产。 **肌内注射：**以绒促性素计，一次量，马、牛	①不宜长期应用，以免产生抗体和抑制垂体促性腺功能。 ②本品溶液极不稳定，且不耐热，应在短时间内用完。 ③休药期：无需制定

药物名称	制剂、规格	适应证、用法及用量	作用特点、注意事项
	500单位 1000单位 2000单位 5000单位 10000单位 50000单位 **注射用复方绒促性素A型（水产用）** 绒促性素5000单位+促黄体素释放素A_2 50μg **注射用复方绒促性素B型（水产用）** 绒促性素5000单位+促黄体素释放素A_3 50μg	1000~5000单位；羊100~500单位；猪500~1000单位；犬25~300单位。一周2~3次（注射用绒促性素）。 **肌内注射：**同注射用绒促性素（注射用绒促性素Ⅰ）。 **亲鱼胸鳍或腹鳍基部腹腔注射：**一次量，每1kg体重，雌性鲢、鳙亲鱼1000~2000单位，雄性鲢、鳙亲鱼剂量减半（注射用绒促性素Ⅰ）。 **腹腔注射：**以绒促性素计，一次量，每1kg体重，雌鱼400单位；雄鱼剂量减半（水产用）	

药物名称	制剂、规格	适应证、用法及用量	作用特点、注意事项
血促性素 Serum Gonadotrophin	**注射用血促性素** 1000 单位 2000 单位	激素类药。主要用于雌性动物催情和促进卵泡发育，也用于胚胎移植时的超数排卵。 临用前，以灭菌生理盐水 2~5ml 稀释。 **皮下、肌内注射：**催情，马、牛 1000~2000 单位;羊100~500 单位；猪 200~800 单位；犬 25~200 单位；猫 25~100 单位；兔、水貂 30~50 单位。 超排，母牛 2000~4000 单位；母羊 600~1000 单位	①不宜长期应用，以免产生抗体和抑制垂体促性腺功能。 ②本品溶液极不稳定，且不耐热，应在短时间内用完。 ③休药期：无需制定
促黄体素释放激素 Luteinizing Hormone Releasing Hormone	**注射用促黄体素释放激素 A_2** 25 μg 50 μg 0.1mg 0.125mg 0.25mg	激素类药。用于治疗奶牛排卵迟滞、卵巢静止、持久黄体、卵巢囊肿及早期妊娠诊断；亦用于鱼类诱发排卵。	①使用本品后一般不能再用其他激素。 ②对未完成性腺发育的鱼类诱导是无效的。 ③不能减少剂量多次使用，以免引

续表

药物名称	制剂、规格	适应证、用法及用量	作用特点、注意事项
		注射用水或生理盐水稀释后使用，现用现配。鱼类催产时，雄鱼剂量为雌鱼的一半。**腹腔注射**：一次量，每1kg体重，草鱼5μg。二次量，每1kg体重，鲢、鳙5μg，第一次1μg，经12小时后注射余量。三次量，第一次提前15日左右每尾鱼注射1~2.5μg，第二次每1kg体重注射2.5μg，第三次20小时后每1kg体重注射5μg和鱼脑垂体1~2μg。 **肌内注射**：一次量，奶牛排卵迟滞，输精的同时肌内注射12.5~25μg；奶牛卵巢静止，25μg，每日1次，	起免疫耐受、性腺萎缩退化等不良反应，降低效果。 ④休药期：无需制定

药物名称	制剂、规格	适应证、用法及用量	作用特点、注意事项
		可连用1~3次，总剂量不超过75μg；奶牛持久黄体或卵巢囊肿，25μg，每日1次，可连用1~4次，总剂量不超过100μg；奶牛早期妊娠诊断，12.5~25μg，配种后5~8日注射1次，35日内无重复发情判为已妊娠。猪25μg，羊10μg	
促黄体素释放激素 Luteinizing Hormone Releasing Hormone	注射用促黄体素释放激素 A_3 15μg 20μg 25μg 50μg 0.1mg	激素类药。用于治疗奶牛排卵迟滞、卵巢静止、持久黄体、卵巢囊肿及早期妊娠诊断；亦用于鱼类诱发排卵。 注射用水或生理盐水稀释后使用，现用现配。 **肌内注射**：一次量，奶牛25μg。 **腹腔注射**：每尾鱼，一次量，	①使用本品后一般不能再用其他激素。 ②对未完成性腺发育的鱼类诱导是无效的。 ③不能减少剂量多次使用，以免引起免疫耐受、性腺萎缩退化等不良反应，降低效果。 ④休药期：无需制定

药物名称	制剂、规格	适应证、用法及用量	作用特点、注意事项
		草鱼 2~5μg；鲢、鳙 3~5μg	
促性腺激素释放激素 Gonadotropin Releasing Hormone	**注射用复方鲑鱼促性腺激素释放激素类似物** 鲑鱼促性激素释放激素类似物 0.2mg 与多潘立酮 0.1g	激素类药。用于诱导鱼类排卵和排精。 **胸鳍腹侧腹腔注射：**每 1 瓶加注射用水 10ml 制成混悬液。草鱼、白鲢、鳙、鳜，一次注射，每 1kg 体重 0.5ml。团头鲂、太湖白鱼，一次注射，每 1kg 体重 0.3ml。青鱼，二次注射，第一次，每 1kg 体重 0.2ml，第二次每 1kg 体重 0.5ml，间隔 24~48 小时。雄鱼剂量酌减	①使用本品的鱼类不得供人食用。 ②休药期：无需制定
蜕皮激素 Molting Hormone	**蜕皮激素溶液（蚕用）** 2ml∶32.5mg	激素类药。用于促使蚕老熟一致，上蔟整齐，调节家蚕的生长发育。 **喷叶：**一次量，取本品 1 支加水 2500ml 混合均	①有 5% 熟蚕时使用。 ②禁与农药一起存放。 ③废弃包装应妥善处理。 ④休药期：无需制定

续表

药物名称	制剂、规格	适应证、用法及用量	作用特点、注意事项
		匀喷叶，供2.5万头蚕一次食完	
戈那瑞林 Gonadorelin	注射用戈那瑞林 100μg 戈那瑞林注射液 2ml∶100μg	促性腺激素释放激素。主要用于治疗奶牛的卵泡囊肿、卵巢机能停止等，诱导奶牛同期发情。 **肌内注射**：一次量，每头奶牛100μg（注射用戈那瑞林）。 **肌内注射**：卵巢机能停止的奶牛一经确诊后，即开始Ocsynch程序，诱导发情于产后50日左右开始Ocsynch程序：在开始程序时每头注射本品2~4ml，过48小时第二次注射相同剂量，再过18~20小时后输精（戈那瑞林注射液），第7日注射氯前列醇钠0.5mg。	①本品的水溶液易失活，宜现配现用。 ②泌乳期禁用。 ③禁止用于促生长。 ④使用本品后一般不能同时再用其他类激素。 ⑤儿童不宜触及本品。 ⑥休药期：牛7日，弃奶期12小时（注射用戈那瑞林、戈那瑞林注射液）

药物名称	制剂、规格	适应证、用法及用量	作用特点、注意事项
前列腺素 Prostaglandin	**甲基前列腺素 $F_{2\alpha}$ 注射液** 按 $C_{21}H_{36}O_5$ 的 S（右旋）差向异构体计算，1ml ： 1.2mg	前列腺素类药。用于同期发情、同期分娩；也用于治疗持久性黄体、诱导分娩和催排死胎等。 **肌内注射或宫颈内注入**：一次量，每 1kg 体重，马、牛 2~4mg；羊、猪 1~2mg	①妊娠母畜忌用，以免引起流产。 ②治疗持久黄体时用药前应仔细进行直肠检查，以便针对性治疗。 ③休药期：牛、猪、羊 1 日
氯前列醇 Cloprostenol	**氯前列醇钠注射液** 按 $C_{22}H_{29}ClO_6$ 计算 （1）2ml ： 0.1mg （2）2ml ： 0.2mg （3）5ml ： 0.5mg （4）10ml ： 0.5mg **注射用氯前列醇钠** （1）0.1mg （2）0.2mg （3）0.5mg	前列腺素类药。主要用于控制母牛同期发情和怀孕母猪诱导分娩。 **肌内注射**：一次量，牛 0.2~0.3mg；猪，妊娠第 112~113 日 0.5~1mg。 肌内注射：一次量，牛同期发情 0.4 ~ 0.6mg；11 日后再用药一次；母猪诱导分娩，预产期前 3 日内 0.05 ~ 0.2mg（注射用氯前列醇钠）	①妊娠动物禁用。 ②诱导分娩时，应在预产期前 2 天使用，严禁过早使用。 ③本品可诱导流产或急性支气管痉挛，使用时要小心，妊娠妇女和患有哮喘及其他呼吸道疾病的人员操作时应特别小心。 ④如果偶尔吸入或注射本品引起呼吸困难，可吸入速效舒张支气管药。 ⑤本品极易通过皮肤吸收，操作时

续表

药物名称	制剂、规格	适应证、用法及用量	作用特点、注意事项
			应佩戴橡胶或一次性防护手套，操作完毕及在饮水或饭前，用肥皂水彻底洗手。皮肤上粘、溅本品，应立即用清水冲洗干净。 ⑥本品不能与解热镇痛抗炎药同时应用。 ⑦本品用完后，空瓶应深埋或焚烧。本品产生的废弃物应在批准的废物处理设备中处理，严禁在现场处置未经稀释的本品。勿使本品污染饮水、饲料和食品
醋酸氟孕酮 Flugestone Acetate	**醋酸氟孕酮阴道海绵** 30mg 40mg 50mg	孕激素类药。用于绵羊、山羊的诱导发情或同期发情。 **阴道给药：**一次量，羊1个。给药后12~14日取出	①食品动物禁用。 ②泌乳期禁用。 ③休药期：羊30日
烯丙孕素 Altrenogest	**烯丙孕素内服溶液** 0.4%	性激素类药。用于控制后备母猪同期发情。 以烯丙孕素计。	①仅用于至少发情过一次的性成熟母猪。 ②每头动物单独

续表

药物名称	制剂、规格	适应证、用法及用量	作用特点、注意事项
		直接用5ml喷头饲喂或喷洒在饲料上内服，一次量，后备母猪20mg（5ml），连用18天	给药，确保每日给药剂量。 ③有急性、亚急性、慢性子宫内膜炎的母猪慎用。 ④操作时应穿戴防护服和手套，操作后和用餐前应洗手。 ⑤妊娠和育龄妇女应避免接触本品，如须操作应非常小心。意外接触可能导致月经紊乱或妊娠期延长，所以应尽量避免皮肤直接接触，如意外渗漏至皮肤，应立即用肥皂和水清洗。 ⑥休药期：猪9日
氨基丁三醇前列腺素$F_{2\alpha}$ Prostaglandin $F_{2\alpha}$Trometha-mine	氨基丁三醇前列腺素$F_{2\alpha}$注射液 以$C_{20}H_{34}O_5$计算 （1）10ml：50mg （2）30ml：150mg （3）50ml：	有溶解黄体及促使子宫平滑肌收缩的作用，主要用于治疗母牛持久黄体、控制母牛同期发情、怀孕母猪诱导分娩。 以$C_{20}H_{34}O_5$计。母牛持久黄	①避免怀孕妇女接近药液，不可由患气管、支气管或其他呼吸道疾病患者或怀孕妇女对动物注射本品。 ②滴在皮肤上，应立即用肥皂水清洗。 ③患急性或亚急

续表

药物名称	制剂、规格	适应证、用法及用量	作用特点、注意事项
	250mg	体、同期发情，肌内注射，一次量，25mg（5ml），必要时第11天重复给药。猪预产期3天内，肌内注射，10mg（2ml），24~36小时内分娩	性血管、胃肠道及呼吸系统疾病的动物禁用。 ④本品能导致多种动物流产或诱导分娩，注射本品前必须确定妊娠状态。 ⑤排卵后5天内给药无效。 ⑥禁止静脉注射。 ⑦休药期：猪2日、牛3日；弃奶期0日

11 调节组织代谢药物

11.1 维生素类

维生素是维持动物体正常代谢和机能所必需的一类低分子化合物，大多数必须从食物中获得，仅少数可在体内合成或由肠道内的微生物合成。动物机体每日对维生素的需要量很少，但其作用是其他物质所无法替代的。每一种维生素对动物机体都有其特定的功能，机体缺乏时可引起一类特殊的疾病，称作“维生素缺乏症”，如代谢机能障碍，生长停顿，生产性能、繁殖力和抗病力下降等，严重的甚至可致死亡。本类药物主要用于防治维生素缺乏症，也可用于某些疾病的辅助治疗。

根据溶解性能分为脂溶性和水溶性维生素两类。脂溶性维生素易溶于大多数有机溶剂，不溶于水。常用的脂溶性维生素包括维生素 A、维生素 D、维生素 E、维生素 K 等，用于该类维生素缺乏症状的治疗。脂溶性维生素吸收后可在体内的肝、脂肪组织中贮存，长期超量使用超过机体的贮存限量时可引起动物中毒。

水溶性维生素包括 B 族维生素和维生素 C。动物胃肠道内微生物能合成部分 B 族维生素，成年反刍动物一般不会缺乏，家禽、犊、羔羊则需要从饲料中额外补充 B 族维生素。水溶性维生素在体内不易贮存，摄入的多余量全部经由尿液排出。

药物名称	制剂、规格	适应证、用法及用量	作用特点、注意事项
维生素 AD Vitamin A and D （维生素A、维生素 D_2 或维生素 D）	**维生素 AD 油** 每 1g 含维生素 A 5000 单位与维生素 D 500 单位 **维生素 AD 注射液** 0.5ml ：维生素 A 25000 单位 + 维生素 $D_2$2500 单位 5ml ：维生素 A 250000 单位 + 维生素 $D_2$25000 单位	主要用于维生素 A、维生素 D 缺乏症；局部应用能促进创伤、溃疡愈合，如夜盲症、角膜软化、皮炎、佝偻病及骨软症等。 **内服**：一次量，马、牛 20~60ml；羊、猪 10~15ml；犬 5~10ml；禽 1~2ml。 **肌内注射**：马、牛 5~10ml，羊、猪、驹、犊 2~4ml，羔羊、仔猪 0.5~1ml	①用时应注意补充钙剂。 ②维生素 A 易因补充过量而中毒，中毒时应立即停用本品和钙剂。 ③仅供肌内注射，不得超量使用。 ④休药期：无需制定
维生素 D VitaminD_3	**维生素 D_3 注射液** 0.5ml∶3.75mg（15万单位） 1ml ：7.5mg（30 万单位） 1ml ：15mg（60万单位） **维生素 D_2 胶性钙注射液** 按维生素 D_2	主要用于防治维生素 D 缺乏症，如佝偻病、骨软症等。 **肌内注射**：以维生素 D_3 计，一次量，每 1kg 体重，家畜 1500~3000 单位（维生素 D_3 注射液）。	①使用时应注意补充钙剂，中毒时应立即停用本品和钙制剂。 ②维生素 D 过多会减少骨的钙化作用，软组织出现异位钙化，且易出现心律失常和神经功能紊乱等症状。 ③休药期：无需制定

续表

药物名称	制剂、规格	适应证、用法及用量	作用特点、注意事项
	计算 1ml：5000单位 5ml：25000单位 20ml∶100000单位	皮下、肌内注射：临用前摇匀。一次量，马、牛 5~20ml；羊、猪 2~4ml；犬 0.5~1ml（维生素 D_2 胶性钙注射液）	
维生素 E VitaminE	维生素 E 注射液 1ml：50mg 10ml：0.5g 亚硒酸钠维生素 E 注射液 1ml 5ml 10ml 亚硒酸钠维生素 E 预混剂 /	主要用于治疗维生素 E、硒缺乏所致不孕症、白肌病等。 皮下、肌内注射：以维生素 E 计，一次量，驹、犊 0.5~1.5g；羔羊、仔猪 0.1~0.5g；犬 0.03~0.1g（维生素E注射液）。 肌内注射：一次量，驹、犊 5~8ml；羔羊、仔猪 1~2ml（亚硒酸钠维生素 E 注射液）。 混饲：每1000kg 饲料，畜、禽 500~1000g（亚	①维生素 E 和硒同用具有协同作用。 ②大剂量的维生素 E 可延迟抗缺铁性贫血药物的治疗效应。 ③液状石蜡、新霉素能减少本品的吸收。 ④偶尔可引起死亡、流产或早产等过敏反应，可立即注射肾上腺素或抗组胺药物进行治疗。 ⑤注射体积超过5ml时应分点注射。 ⑥皮下或肌内注射（亚硒酸钠维生素 E 注射液）有局部刺激性。硒毒性较大，超量肌内注

续表

药物名称	制剂、规格	适应证、用法及用量	作用特点、注意事项
		硒酸钠维生素E预混剂）	射易致动物中毒，中毒时表现为呕吐、呼吸抑制、虚弱、中枢抑制、昏迷等症状，严重时可致死亡。 ⑦休药期：无需制定
维生素ADE注射液 Vitamin A, D and E Injection	维生素ADE注射液 （1）10ml：维生素A 100万单位+维生素$D_3$10万单位+维生素E 3000单位 （2）100ml：维生素A 1000万单位+维生素$D_3$100万单位+维生素E 3万单位	用于预防和治疗牛维生素A、维生素D和维生素E缺乏症，如可辅助治疗夜盲症、角膜软化、皮炎、佝偻病、骨软化症、白肌症和不孕症等。 肌内注射：一次量，牛8~10ml，犊牛3~5ml	①依维生素ADE缺乏程度，经兽医评估后确定给药次数和给药间隔。 ②使用时应注意补充钙剂。维生素A和维生素D容易因补充过量而中毒，中毒时应立即停用本品和含钙制剂。 ③维生素D过多会减少骨的钙化作用，软组织出现异位钙化，且容易出现心律失常和神经功能紊乱等症状。 ④偶尔可引起死亡等严重过敏反应，可立即注射肾上腺素或抗组胺药物治疗。 ⑤注射体积超过

续表

药物名称	制剂、规格	适应证、用法及用量	作用特点、注意事项
			5ml时应分点注射。 ⑥休药期：无需制定
维生素B族 VitaminB	维生素B_1片 10mg 50mg 维生素B_1注射液 1ml：10mg 1ml：25mg 2ml：0.1g 10ml：0.25g 维生素B_2片 5mg 10mg 维生素B_2注射液 2ml：10mg 5ml：25mg 10ml：50mg 维生素B_6片 10mg 维生素B_6注射液 1ml：25mg 1ml：50mg	主要用于维生素B族缺乏症，维生素B_1缺乏所致的多发性神经炎；也用于胃肠弛缓等；维生素B_2缺乏所致的口炎、皮炎、角膜炎等；维生素B_6缺乏所致的皮炎和周围神经炎等；维生素B_{12}缺乏所致的贫血、幼畜生长迟缓等。 内服（维生素B_1片）：以维生素B_1计，一次量，马、牛100~500mg；羊、猪25~50mg；犬10~50mg；猫5~30mg。 皮下、肌内注射（维生素B_1注射液）：以维生素B_1计，一次	①吡啶硫胺素、氨丙啉与维生素B_1有拮抗作用，饲料中此类物质添加过多会引起维生素B_1缺乏。 ②与其他B族维生素或维生素C合用，可对代谢发挥综合疗效。 ③动物内服或注射维生素B_2后，尿液呈黄色。 ④维生素B_6与维生素B_{12}合用，可促进维生素B_{12}的吸收。 ⑤在防治巨幼红细胞贫血症时，维生素B_{12}与叶酸配合应用可取得更好的效果。 ⑥复合维生素B族可溶性粉要现用现配。 ⑦肌内注射烟酰胺可引起注射部位疼痛。

药物名称	制剂、规格	适应证、用法及用量	作用特点、注意事项
	2ml ：0.1g 10ml ：0.5g 10ml ：1g 维生素B_{12}注射液 1ml：0.05mg 1ml：0.1mg 1ml：0.25mg 1ml：0.5mg 1ml：1mg 复合维生素B族可溶性粉（维生素B_1、烟酰胺、维生素B_2、泛酸钙、维生素B_6） 复合维生素B族注射液（维生素B_1、维生素B_2、维生素B_6等） 2ml 10ml 复合维生素B族溶液（维生素B_1、维生	量，马、牛100~500mg；羊、猪25~50mg；犬10~25mg；猫5~15mg。 内服（维生素B_2片）：以维生素B_2计，一次量，马、牛100~150mg；羊、猪20~30mg；犬10~20mg；猫5~10mg。 皮下、肌内注射（维生素B_2注射液）：以维生素B_2计，一次量，马、牛100~150mg；羊、猪20~30mg；犬10~20mg；猫5~10mg。 内服（维生素B_6片）：以维生素B_6计，一次量，马、牛3~5g；羊、猪0.5~1g；犬0.02~0.08g。	⑧休药期：无需制定

续表

药物名称	制剂、规格	适应证、用法及用量	作用特点、注意事项
	素 B_2、维生素 B_6） 泛酸钙 烟酰胺片 50mg 100mg 烟酰胺注射液 1ml ∶ 50mg 1ml ∶ 100mg 烟酸片 50mg 100mg	**皮下、肌内或静脉注射**（维生素 B_6 注射液）：以维生素 B_6 计，一次量，马、牛 3~5g；羊、猪 0.5~1g；犬 0.02~0.08g。 **肌内注射**：以维生素 B_{12} 计，一次量，马、牛 1~2mg；羊、猪 0.3~0.4mg；犬、猫 0.1mg。 复合维生素 B 族可溶性粉、复合维生素 B 族注射液、复合维生素 B 族溶液为维生素类药。用于防治 B 族维生素缺乏所致的多发性神经炎、消化障碍、癞皮病、口腔炎等。 **混饮**（复合维生素 B 族可溶	

兽医临床用药指南

续表

药物名称	制剂、规格	适应证、用法及用量	作用特点、注意事项
		性粉）：每1L水，禽0.5~1.5g。连用3~5日。 肌内注射（复合维生素B族注射液）：马、牛10~20ml；羊、猪2~6ml；犬、猫、兔0.5~1ml。 内服（复合维生素B族溶液）：一日量，马、牛30~70ml；羊、猪7~10ml。混饮：每1L水，禽10~30ml。 混饲（泛酸钙）：每1000kg饲料，猪10~13g；禽6~15g。 内服（烟酰胺片）：以烟酰胺计，一次量，每1kg体重，家畜3~5mg。 内服（烟酸	

11 调节组织代谢药物

续表

药物名称	制剂、规格	适应证、用法及用量	作用特点、注意事项
		片）：一次量，每 1kg 体重，家畜 3~5mg。 肌内注射（烟酰胺注射液）：以烟酰胺计，一次量，每 1kg 体重，家畜 0.2~0.6mg，幼畜不得超过 0.3mg	
维生素 C VitaminC	维生素 C 片 0.1g 维生素 C 注射液 5ml ： 0.5g 10ml ： 1g 2ml ： 0.25g 20ml ： 2.5g 2ml ： 0.1g 10ml ： 0.5g 维生素 C 可溶性粉 6% 10% 25% 维生素 C 钠粉（水产用）	主要用于维生素 C 缺乏症、发热、慢性消耗性疾病等。 内服：以维生素 C 计，一次量，马 1~3g；猪 0.2~0.5g；犬 0.1~0.5g。 肌内、静脉注射：以维生素 C 计，一次量，马 1~3g；牛 2~4g；羊、猪 0.2~0.5g；犬 0.02~0.1g 混饮：每 1L 水，禽 500mg，	①与水杨酸类和巴比妥合用能增加维生素 C 的排泄。 ②与维生素 K_3、维生素 B_2、碱性药物和铁离子等溶液配伍，可影响药效，不宜配伍。 ③可破坏饲料中的维生素 B_{12}，并与饲料中的铜、锌离子发生络合，阻断其吸收。 ④大剂量应用时可酸化尿液，使某些有机碱类药物排泄增加，并减弱氨基糖苷类药物的抗菌作用。 ⑤因在瘤胃内易

药物名称	制剂、规格	适应证、用法及用量	作用特点、注意事项
	10% **维生素C磷酸酯镁盐酸环丙沙星预混剂**	自由饮用。连用5日。 **拌饵投喂：**一次量，每1kg体重，鱼35~75mg；虾、蟹75~150mg；鱼、鳖、蛙75~100mg	被破坏，反刍动物不宜内服。 ⑥对氨基糖苷类、β-内酰胺类、四环素类等多种抗生素具有不同程度的灭活作用，因此不宜与这些抗生素混合注射。 ⑦休药期：无需制定
维生素K Vitamin K	**维生素K_1注射液** 1ml∶10mg	用于维生素K_1缺乏所致的出血。 **肌内、静脉注射：**以维生素K_1计，一次量，每1kg体重，犬、猫0.5~2mg。或遵医嘱	①静脉注射宜缓慢。 ②避光、密闭。防冻保存。 ③休药期：无需制定

11.2 矿物质

钙和磷为动物生长所必需，常以骨粉或钙、磷制剂的形式按适当比例混合添加在动物日粮中，以保证畜禽健康生长。

动物机体所必需的微量元素有铁、硒、钴、铜、锰、锌等，它们对动物的生长代谢过程起着重要的调节作用，缺乏时可引起各种疾病，并影响动物生长和繁殖性能，但过多也会引起中毒，甚至死亡。

药物名称	制剂、规格	适应证、用法及用量	作用特点、注意事项
钙 Calcium	**葡萄糖酸钙注射液** 20ml：1g 10ml：1g 50ml：5g 100ml：10g 500ml：50g **氯化钙注射液** 10ml：0.3g 10ml：0.5g 20ml：0.6g 20ml：1g **氯化钙葡萄糖注射液** 20ml：氯化钙 1g+ 葡萄糖 5g 50ml：氯化钙 2.5g+ 葡萄糖 12.5g 100ml：氯化钙 5g+ 葡萄糖 25g **硼葡萄糖酸钙注射液** 100ml：钙 1.5g	葡萄糖酸钙注射液为钙补充药。用于钙缺乏症及过敏性疾病，亦可解除镁离子中毒引起的中枢抑制。 **静脉注射**（葡萄糖酸钙注射液）：以葡萄糖酸钙计，一次量，马、牛 20~60g；羊、猪 5~15g；犬 0.5~2g。 氯化钙注射液为钙补充药。用于低血钙症以及毛细血管通透性增加所致疾病。 **静脉注射**（氯化钙注射液）：以氯化钙计，一次量，马、牛 5~15g；羊、猪 1~5g；犬 0.1~1g。 氯化钙葡萄糖	**葡萄糖酸钙注射液** ①本品注射宜缓慢，应用强心苷期间禁用。有刺激性，不宜皮下或者肌内注射。注射液不可漏出血管外，否则会导致疼痛及组织坏死。 ②休药期：无需制定。 **氯化钙注射液、氯化钙葡萄糖注射液** ①应用强心苷期间禁用本品。 ②本品刺激性强，不宜皮下或肌内注射，其 5% 溶液不可直接静脉注射，注射前应以 10~20 倍葡萄糖注射液稀释。 ③静脉注射宜缓慢，快速静脉注射能引起低血压、心律失常，甚至心搏停止。

续表

药物名称	制剂、规格	适应证、用法及用量	作用特点、注意事项
	250ml：钙3.8g 500ml：钙7.6g 100ml：钙2.3g 250ml：钙5.7g 500ml：钙11.4g **碳酸钙** **硼葡萄糖酸钙溶液** 按钙（Ca）计算2.28%	注射液为钙补充药。用于低血钙症、心脏衰竭、荨麻疹、血管神经性水肿和其他毛细血管通透性增加所致的过敏性疾病。 **静脉注射**（氯化钙葡萄糖注射液）：一次量，马、牛100~300ml；羊、猪20~100ml；犬5~10ml。 硼葡萄糖酸钙注射液为钙补充药。用于钙缺乏症。 **静脉注射：以钙计**（硼葡萄糖酸钙注射液），一次量，牛，每100kg体重1g。 碳酸钙为钙补充药。 **内服**（碳酸钙）：一次量，	④勿漏出血管。若发生漏出，受影响局部可注射生理盐水、糖皮质激素和1%普鲁卡因。 ⑤休药期：无需制定。 **硼葡萄糖酸钙注射液** ①缓慢注射，禁与强心苷并用。 ②休药期：无需制定。 **碳酸钙** ①内服给药对胃肠道有一定的刺激性。 ②休药期：无需制定。 **硼葡萄糖酸钙溶液** ①勿与小苏打等碱性物质和硫酸盐类同服。 ②休药期：无需制定

续表

药物名称	制剂、规格	适应证、用法及用量	作用特点、注意事项
		马、牛 30~120g；羊、猪 3~10g；犬 0.5~2g。 硼葡萄糖酸钙溶液为钙补充药。用于钙缺乏症。 **内服**（硼葡萄糖酸钙溶液）：一次量，每 10kg 体重，牛 4.4~8.8ml	
磷制剂	**磷酸氢钙片** 按 $CaHPO_4 \cdot 2H_2O$ 计算 0.15g	用于钙、磷缺乏症。 **内服**：以磷酸氢钙计，一次量，马、牛 12g；羊、猪 2g；犬、猫 0.6g	①内服可减少四环素类、氟喹诺酮类药物从胃肠道吸收。 ②与维生素 D 类同用可促进钙吸收，但大量可诱导高钙血症。 ③休药期：无需制定
亚硒酸钠 Sodium Selenite	**亚硒酸钠注射液** 1ml : 1mg 5ml : 5mg 1ml : 2mg 5ml : 10mg **亚硒酸钠维生素 E 注射液**	亚硒酸钠注射液为硒补充药。用于防治幼畜白肌病和雏鸡渗出性素质等。 **肌内注射**（亚硒酸钠注射液）：一次量，马、牛 30~50mg；驹、	①皮下或肌内注射有局部刺激性。 ②本品有较强毒性，中毒时表现为呕吐、呼吸抑制、虚弱、中枢抑制、昏迷等症状，严重时可致死亡。 ③补硒的同时添

续表

药物名称	制剂、规格	适应证、用法及用量	作用特点、注意事项
	1ml 5ml 10ml **亚硒酸钠维生素E预混剂** 100g：亚硒酸钠0.04g+维生素E 0.5g	犊5~8mg；羔羊、仔猪1~2mg。 亚硒酸钠维生素E注射液为维生素及硒补充药。用于治疗幼畜白肌病。 **肌内注射**（亚硒酸钠维生素E注射液）：一次量，驹、犊5~8ml；羔羊、仔猪1~2ml。 亚硒酸钠维生素E预混剂为维生素及硒补充药。用于防治幼畜白肌病和雏鸡渗出性素质等。 **混饲**（亚硒酸钠维生素E预混剂）：每1000kg饲料，畜、禽500~1000g	加维生素E，则防治效果更好。 ④硒毒性较大，超量肌内注射易致动物中毒，中毒时表现为呕吐、呼吸抑制、虚弱、中枢抑制、昏迷等症状，严重时可致死亡。 ⑤休药期：无需制定
布他磷 Butaphosphan （布他磷、	**复方布他磷注射液** 100ml：布	用于动物急、慢性代谢紊乱疾病。	①严格控制用量，以免动物中毒。 ②请勿冷冻。

续表

药物名称	制剂、规格	适应证、用法及用量	作用特点、注意事项
维生素 B_{12}）	他磷10g+维生素 B_{12}0.005g	静脉、肌内或皮下注射：以本品计，一次量，马、牛 10~25ml；羊 2.5~8ml；猪 2.5~10ml；犬 1~2.5ml；猫、皮毛动物 0.5~5ml。驹、犊、羔羊、仔猪相应减半	③休药期：可食性动物 28 日

12 组胺受体阻断药

抗组胺药是指作用于组胺受体、阻断组胺与受体结合的药物。与组胺受体相应，抗组胺药分为 H_1 受体阻断药（传统抗组胺药）和 H_2 受体阻断药（新型抗组胺药）。

12.1 H_1 受体阻断药

H_1 受体阻断药用于皮肤、黏膜的变态反应性疾病，如荨麻疹、接触性皮炎。临床上也用于疑似与组胺有关的非变态性疾病，如湿疹、营养性或妊娠蹄叶炎、肺气肿。

药物名称	制剂、规格	适应证、用法及用量	作用特点、注意事项
苯海拉明 Diphenhydramine	盐酸苯海拉明注射液 1ml ：20mg 5ml ：0.1g	抗组胺药。用于变态反应性疾病，如荨麻疹、血清病等。 **肌内注射**：以盐酸苯海拉明计，一次量，马、牛 100~500mg；羊、猪 40~60mg；每 1kg 体重，犬 0.5~1mg	①对严重的急性过敏性病例，一般先给予肾上腺素，然后再注射本品。全身治疗一般需持续 3 日。 ②休药期：牛、羊、猪 28 日；弃奶期 7 日
异丙嗪 Promethazine	盐酸异丙嗪片 12.5mg 25mg	抗组胺药。用于变态反应性疾病，如荨麻疹、血清病等。	①小动物在饲喂后或饲喂时内服，可避免对胃肠道产生刺激作用，亦可

续表

药物名称	制剂、规格	适应证、用法及用量	作用特点、注意事项
	盐酸异丙嗪注射液 2ml : 50mg 10ml : 0.25g	**内服**：以盐酸异丙嗪计，一次量，马、牛0.25~1g；羊、猪0.1~0.5g；犬0.05~0.1g。 **肌内注射**：以盐酸异丙嗪计，一次量，马、牛250~500mg；羊、猪50~100mg；犬25~50mg	延长吸收时间。 ②内服禁与碱性溶液或生物碱合用。 ③有较强刺激性，不可作皮下注射。 ④休药期：牛、羊、猪28日；弃奶期7日（片剂、注射液）
马来酸氯苯那敏 Chlorphenamine Maleate （扑尔敏）	**马来酸氯苯那敏片** 4mg **马来酸氯苯那敏注射液** 1ml : 10mg 2ml : 20mg	抗组胺药。用于过敏性疾病，如荨麻疹、过敏性皮炎、血清病等。 **内服**：以马来酸氯苯那敏计，一次量，马、牛80~100mg；羊、猪10~20mg；犬2~4mg；猫1~2mg。 **肌内注射**：以马来酸氯苯那敏计，一次量，马、牛60~100mg；羊、猪10~20mg	①对于过敏性疾病，本品仅对症治疗，同时还须对因治疗，否则病状会复发。 ②小动物在进食后或进食时内服可减轻对胃肠道的刺激性。 ③可增强抗胆碱药、氟哌啶醇、吩噻嗪类及拟交感神经药等的作用。 ④局部刺激性较强，不宜皮下注射。对严重的急性过敏性病例，一般先给予肾上腺素，然后

续表

药物名称	制剂、规格	适应证、用法及用量	作用特点、注意事项
			再注射本品。全身治疗一般需持续3日。 ⑤休药期：无需制定
奥美拉唑 Omeprazole	奥美拉唑内服糊剂 6.16g∶2.279g	用于治疗成年马和4周龄及以上马驹胃溃疡和预防胃溃疡复发。 内服：治疗马胃溃疡，每1kg体重4mg，每日一次，连续给药4周；预防马胃溃疡复发，每1kg体重2mg，每日1次，在治疗基础上，再连续给药至少4周	①禁用于供人类食用的马匹。 ②怀孕或哺乳期马的安全性尚未确定。 ③置于儿童不可触及处；误食就医并出示说明书

12.2 H_2受体阻断药

H_2受体阻断药可抑制胃酸分泌，兽医临床主要用于胃炎，胃、皱胃及十二指肠溃疡，应激或药物引起的糜烂性胃炎等。

药物名称	制剂、规格	适应证、用法及用量	作用特点、注意事项
西咪替丁	西咪替丁片	用于治疗胃肠	本品能与肝微粒

续表

药物名称	制剂、规格	适应证、用法及用量	作用特点、注意事项
Cimetidine		溃疡、胃炎、胰腺炎和急性胃肠（消化道前段）出血。 内服：一次量，猪 300mg；每 1kg 体重，牛 8~16mg，一日 3 次，犬、猫 510mg，一日 2 次	体酶结合而抑制酶的活性，降低肝血流量，并能干扰其他许多药物吸收
西咪替丁 Cimetidine	西咪替丁片 0.1g	用于减轻犬慢性胃炎引起的呕吐的对症治疗。 内服：6~ 10kg 的犬使用 1/2 片，体重 11~20kg 的犬使用 1 片，1 日 3 次，连用 28 日	①本品仅用于对症治疗，建议出现持续性呕吐症状的犬在治疗前进行适当的检查以诊断病因。 ②对于肾功能不全的犬，需适当调整给药剂量。 ③本品未进行妊娠期和哺乳期靶动物的相关研究，应在执业兽医指导下进行妊娠期和哺乳期用药。 ④本品可能与 β 受体拮抗剂、钙通道拮抗剂、苯二氮卓类、巴比妥类、苯妥英、茶碱、氨

续表

药物名称	制剂、规格	适应证、用法及用量	作用特点、注意事项
			茶碱、华法林和利多卡因等药物产生临床相互作用，当合并用药时，应降低这些药物的使用剂量。 ⑤本品可能引起胃酸升高导致药物吸收降低，需要借助酸性介质促进吸收；与氢氧化铝或氢氧化镁、甲氧氯普胺、地高辛和酮康唑的用药间隔至少为2小时。 ⑥本品开封后，剩余药片应放在泡罩包装中避光保存。 ⑦置于儿童无法触及处
雷尼替丁 Ranitidine	雷尼替丁片	抗组胺药。用于治疗胃肠溃疡、胃炎、胰腺炎和急性胃肠（消化道前段）出血。 内服：一次量，驹 150mg；每1kg体重，犬0.5mg，一日3次	毒副作用较轻

13 解毒药

解毒药可分为非特异性解毒药和特异性解毒药。非特异性解毒药是指能阻止毒物继续被吸收、中和或破坏以促进其排出的药物，如诱吐剂、吸附剂、泻药、氧化剂和利尿药等。非特异性解毒药由于不具特异性，且效能较低，仅用作解毒的辅助治疗。特异性解毒药可特异性地对抗或阻断毒物的作用机理或效应而发挥解毒作用，其本身多不具有与毒物相反的效应，分为金属络合剂、胆碱酯酶复活剂、高铁血红蛋白还原剂、氰化物解毒剂和其他解毒剂等。

13.1 金属络合剂

金属汞、锑、铋、铅、铜或类金属砷等大量进入动物体内，可引起中毒。巯基络合剂能与金属络合，从而解除重金属或类金属引起的中毒症状。

药物名称	制剂、规格	适应证、用法及用量	作用特点、注意事项
二巯基丙醇 Dimercaprol	二巯基丙醇注射液 2ml ：0.2g 5ml ：0.5g 10ml ：1g	用于砷、汞、铋、锑等中毒。 肌内注射：一次量，每1kg体重，家畜2.5~5mg	①本品为竞争性解毒剂，应及早足量使用。当重金属中毒严重或解救过迟时疗效不佳。 ②本品仅供肌内注射，由于注射后会引起剧烈疼痛，务必作深部肌内注

续表

药物名称	制剂、规格	适应证、用法及用量	作用特点、注意事项
			射。 ③肝、肾功能不良动物慎用。 ④碱化尿液可减少复合物重新解离，从而使肾损害减轻。 ⑤本品可与镉、硒、铁、铀等金属形成有毒复合物，其毒性作用高于金属本身，故本品应避免与硒或铁盐同时应用。在最后一次使用本品，至少经过24小时后才能应用硒、铁制剂。 ⑥二巯基丙醇对机体其他酶系统也有一定抑制作用，故应控制剂量。 ⑦休药期：无需制定
二巯丙磺钠 Sodium Dimercaptopropane sulfonate	**二巯丙磺钠注射液** 5ml ∶ 0.5g 10ml ∶ 1g	主要用于解救汞、砷中毒，亦用于铅和镉中毒。 **静脉、肌内注射**：以二巯丙磺钠计，一次量，每1kg体重，马、牛5~8mg；猪、羊7~10mg	①本品为无色澄明液体，混浊变色时不能使用。 ②一般多采用肌内注射，静脉注射速度宜慢。 ③休药期：无需制定

13 解毒药

13.2 胆碱酯酶复活剂

有机磷杀虫剂或农药等进入动物体内，与胆碱酯酶结合，形成磷酰化胆碱酯酶，使酶失去水解乙酰胆碱的活性，导致乙酰胆碱在体内蓄积，引起胆碱能神经支配的组织和器官出现兴奋的中毒症状。胆碱酯酶复活剂能夺取胆碱酯酶上的磷酰化基团，使受有机磷抑制的胆碱酯酶恢复活性。在解救有机磷化合物中毒时常将胆碱酯酶复活剂与阿托品同时应用。常用的胆碱酯酶复活剂有碘解磷定、氯解磷定。

药物名称	制剂、规格	适应证、用法及用量	作用特点、注意事项
碘解磷定 Pralidoxime Iodide（碘解磷定）	**碘解磷定注射液** 10ml：0.25g 20ml：0.5g	用于有机磷中毒。 **静脉注射：**以碘解磷定计，一次量，每1kg体重，家畜15~30mg	①禁与碱性药物配伍。 ②有机磷内服中毒的动物先以2.5%碳酸氢钠溶液彻底洗胃（敌百虫除外）；由于消化道后部也可以吸收有机磷，应用本品至少维持48~72小时，以防延迟吸收的有机磷加重中毒程度，甚至致死。 ③用药过程中定时测定血液胆碱酯酶水平，作为用药监护指标。血液胆碱酯酶应维持在50%~60%。必要时应及时重复应用本品。

续表

药物名称	制剂、规格	适应证、用法及用量	作用特点、注意事项
			④本品与阿托品有协同作用，与阿托品联合应用时，可适当减少阿托品剂量。 ⑤休药期：无需制定

13.3 高铁血红蛋白还原剂

高铁血红蛋白血症是正常血红蛋白被亚硝酸盐等和含有（或产生）芳香胺的化学物氧化，形成高铁血红蛋白后而产生，表现为组织缺氧、紫绀等中毒症状。化学物亚硝酸盐、苯胺、硝基苯、三硝基甲苯、苯醌、苯肼等，含有（或产生）芳香胺的药物如乙酰苯胺、对乙酰氨基酚、非那西丁、氨苯磺胺等药物也会引起高铁血红蛋白血症。

常用的高铁血红蛋白还原剂为亚甲蓝，维生素 C 和葡萄糖也有弱的还原作用，在解救高铁血红蛋白症时可同时应用。

药物名称	制剂、规格	适应证、用法及用量	作用特点、注意事项
亚甲蓝 Methylthioninium Chloride （美蓝）	**亚甲蓝注射液** 2ml∶20mg 5ml∶50mg 10ml∶100mg	解毒药。用于亚硝酸盐中毒。 **静脉注射：**以亚甲蓝计，一次量，每 1kg 体重，家畜 1~2mg	①本品刺激性强，禁止皮下或肌内注射（可引起组织坏死）。 ②由于亚甲蓝溶液与多种药物为配伍禁忌，因此不得

13 解毒药

续表

药物名称	制剂、规格	适应证、用法及用量	作用特点、注意事项
			将本品与其他药物混合注射。 ③休药期：无需制定

13.4　氰化物解毒剂

氰化物中毒时，氰离子（CN^-）能迅速与氧化型细胞色素氧化酶的 Fe^{3+} 结合，从而阻碍酶的还原，抑制酶的活性，使组织细胞不能得到足够的氧，导致动物中毒。含氰苷的植物如土豆幼芽、高粱、玉米的幼苗等是家畜氰化物中毒的主要来源，牛最敏感，其次是羊、马和猪。工业原料和农药中使用的氰化钠、氰化钾易溶于水，也能通过呼吸道、消化道或皮肤进入机体，产生毒性。

目前常采用亚硝酸钠－硫代硫酸钠联合应用解毒。先用 3% 亚硝酸钠或者亚硝酸异戊酯，将带 Fe^{2+} 的血红蛋白氧化为带 Fe^{3+} 的高铁血红蛋白，然后 CN^- 与 Fe^{3+} 结合，并形成氰化高铁血红蛋白，使氰不发生毒性作用。继而使用硫代硫酸钠，使其与 CN^- 形成毒性很小且稳定的硫氰酸盐，由尿液排出。

药物名称	制剂、规格	适应证、用法及用量	作用特点、注意事项
亚硝酸钠 Sodium Nitrite	**亚硝酸钠注射液** 10ml ：0.3g	解毒药。能使血红蛋白氧化为高铁血红蛋白	①治疗氰化物中毒时，宜与硫代硫酸钠合用。

续表

药物名称	制剂、规格	适应证、用法及用量	作用特点、注意事项
		而与氰基结合。用于解救氰化物中毒。 **静脉注射：**以亚硝酸钠计，一次量，马、牛 2g；羊、猪 0.1~0.2g	②应密切注意血压变化，避免引起血压下降。 ③注射中出现严重不良反应应立即停止给药，因过量引起的中毒，可用亚甲蓝解救。 ④马属动物慎用。 ⑤休药期：无需制定
硫代硫酸钠 Sodium Thiosulfate	**硫代硫酸钠注射液** 10ml ∶ 0.5g 20ml ∶ 1g 20ml ∶ 10g **硫代硫酸钠粉（水产用）** 90%	主要用于解救氰化物中毒，也可用于砷、汞、铅、铋、碘等中毒。水产上用于池塘水质改良。 **静脉、肌内注射：**以硫代硫酸钠计，一次量，马、牛 5~10g；羊、猪 1~3g；犬、猫 1~2g。 **硫代硫酸钠粉（水产用）** 用水充分溶解后稀释1000倍，全池遍洒：一次量，每 1m^3 水体，	①本品解毒作用产生较慢，应先静脉注射亚硝酸钠再缓慢注射本品，但不能将两种药液混合静脉注射。 ②对内服中毒动物，还应使用本品的 5% 溶液洗胃，并于洗胃后保留适量溶液于胃中。 ③水产上用于海水可能出现混浊或变黑，属正常现象。使用后注意水体增氧，且禁与强酸性物质混存、混用。 ④休药期：无需制定

续表

药物名称	制剂、规格	适应证、用法及用量	作用特点、注意事项
		1.5g。每 10 日 1 次	

13.5 氟乙酰胺解毒剂

药物名称	制剂、规格	适应证、用法及用量	作用特点、注意事项
乙酰胺 Acetamide （解氟灵）	乙酰胺注射液 5ml ：0.5g 10ml ：1g 5ml ：2.5g 10ml ：5g	用于氟乙酰胺等有机氟中毒。 **静脉、肌内注射**：以乙酰胺计，一次量，每 1kg 体重，家畜 50~100mg	①为减轻局部疼痛，肌内注射时可配合使用适量的盐酸普鲁卡因注射液。 ②休药期：无需制定

参考文献

[1] 中国兽药典委员会 . 中华人民共和国兽药典（2020 年版）. 北京：中国农业出版社，2020

[2] 中国兽药典委员会 . 兽药质量标准（化学药品卷）（2017 年版）. 北京：中国农业出版社，2017

[3] 中国兽医药品监察所 . 兽药产品说明书范本（化学药品卷）. 北京：中国农业出版社，2017

[4] 农业部兽药评审中心 . 兽药质量标准汇编（2006–2011 年）. 北京：中国农业出版社，2011

[5] 农业部兽药评审中心 . 兽药质量标准汇编（2012 年）. 北京：中国农业出版社，2012

[6] 农业部兽药评审中心 . 兽药质量标准汇编（2013 年）. 北京：中国农业出版社，2013

[7] 农业部兽药评审中心 . 兽药质量标准汇编（2014）. 北京：中国农业出版社，2014

[8] 农业部兽药评审中心 . 兽药质量标准汇编（2015 年）. 北京：中国农业出版社，2015

[9] 农业部兽药评审中心 . 兽药质量标准汇编（2016 年）. 中国农业出版社，2016

[10] 陈杖榴，曾振灵 . 兽医药理学 . 4 版 . 中国农业出版社，2017

[11] 曾振灵 . 兽药手册 . 2 版 . 北京：化学工业出版社，2012

[12] Jim E. Riviere, Mark G. Papich. Veterinary pharmacology & Therapeutics. 10th edition. Wiley–Blackwell, 2018.

[13] Mark G. Papich. *Saunders Handbook of* Veterinary Drugs: small and large animal. 4th Edition. Elsevier，2016.

[14] Donald C. Plumb, Pharm.D. *Plumb's* Veterinary Drug Handbook. 9th Edition. Blackwell Publishing, 2018

[15] 中华人民共和国农业农村部公告第 246 号

[16] 国家兽药基础数据库